AQUATIC ECOLOGY AND CONSERVATION OF
THE YANGTZE RIVER AND THE MISSISSIPPI RIVER

# 长江和密西西比河的
# 水生态与保护

陈宇顺　熊芳园　陈永柏　著

科学出版社

北京

# 内 容 简 介

本书对比分析长江和密西西比河的物理水文生态过程、鱼类等水生生物群落的结构特征及水体的化学物质交流过程等,探讨长江和密西西比河水生生态系统的演化历史驱动因素和对环境的适应性响应的异同。此外,本书分析水利工程建设、捕捞、航运、工农业、城镇化等人类活动对密西西比河水生生态系统物理、化学和生物方面的影响,并与长江水生生态系统受到的人类活动干扰和影响进行对比分析,探讨长江和密西西比河在人类活动影响下水生生态系统响应的差异。通过借鉴国际大型河流密西西比河的保护经验和开展长江与密西西比河两大河流的水生态比较研究,本书提炼出一套针对长江流域特征的水生生物保护和生态修复措施。本书部分彩图附彩图二维码,见封底。

本书可以作为科研院所、高等院校、企业、政府机构、管理部门,以及生态学、环境科学与工程、生物学、水产学、地理学、水利工程、管理科学与工程等专业和领域的工作人员的参考书。

**图书在版编目(CIP)数据**

长江和密西西比河的水生态与保护 / 陈宇顺, 熊芳园, 陈永柏著. -- 北京 : 科学出版社, 2024.6. -- ISBN 978-7-03-079005-7

Ⅰ. X143

中国国家版本馆 CIP 数据核字第 202413ZW25 号

责任编辑:何 念 王 玉/责任校对:高 嵘
责任印制:彭 超/封面设计:无极书装

**科 学 出 版 社** 出版

北京东黄城根北街 16 号
邮政编码:100717
http://www.sciencep.com

武汉中科兴业印务有限公司印刷
科学出版社发行 各地新华书店经销

\*

开本:787×1092 1/16
2024 年 6 月第 一 版 印张:10 3/4
2024 年 6 月第一次印刷 字数:251 000
**定价:138.00 元**
(如有印装质量问题,我社负责调换)

# 前 言
PREFACE

　　大型河流为人类提供水源、食物、运输和电力等服务，同时也受人类活动的强烈干扰。大型河流的水生态保护和修复一直备受关注。在欧洲和大洋洲，河流生态系统保护和修复工程起源于 20 世纪 80 年代，在 20 世纪 90 年代得到快速发展。20 世纪 70 年代，美国政府在密西西比河开始探索和研究针对鱼类资源保护和水生生态系统健康修复的一系列措施，主要包括大河环境行动计划、污染物避免与最小化项目、密西西比河中游生物资源保护行动、密西西比河下游生物资源保护与养护行动等。

　　早期的河流修复技术都是针对局部生境的修复（如河岸植被恢复）或重要的濒危物种（如 1987 年启动的莱茵河"鲑鱼-2000 计划"），较少从整个流域的尺度对水生生态系统的保护和修复进行综合考量。随着生态保护理论和技术的发展，河流水生生态系统整体的修复措施逐渐受到重视。Clean Water Act（《清洁水法》）和 EU Water Framework Directive（《欧盟水框架指令》）的颁布，使得一系列针对鱼类等水生生物资源的保护措施和水生生态系统健康的修复技术得到了发展和应用。随着生态修复规划在美国的密西西比河、基西米河及密苏里河实施，全球针对大型河流的流域层面的综合生态修复与保护进入了新的发展阶段。然而，在流域水生态改善、流域管理方面，生态修复试验-反馈-生态系统的适应性管理修正的模式在美国的科罗拉多河和澳大利亚的墨累-达令河都取得了成功的经验。

　　20 世纪 80 年代以前，我国重点关注江河湖库的天然水质评价、重要经济鱼类资源动态的研究，如建立各流域水质监测中心、开展长江流域"四大家鱼"产卵场监测，以及中华鲟繁殖群体和繁殖活动监测等工作。此后，我国重点聚焦流域水污染治理和大型湖库生态系统演变研究，如太湖、滇池等湖泊水环境问题和综合治理方案研究，以及三峡水库水生生态系统影响跟踪监测研究等。2010 年以来，我国全面进入流域水生生态系统健康保护的新阶段。"共抓大保护、不搞大开发""探索出一条生态优先、绿色发展新路子"。近几年来，习近平总书记先后在重庆市（2016 年 1 月）、武汉市（2018 年 4 月）、南京市（2020 年 11 月）和南昌市（2023 年 10 月）召开推动长江经济带高质量发展座谈会，从全局提出了推动长江经济带发展需要把握保护、发展、传承、振兴、融通等重大问题并做出工作部署。这也对我国后续河流水生生态系统修复和保护提出了更高的要求。

　　本书的编写历时近 5 年，凝聚中国科学院水生生物研究所水生生态系统健康学科组在长江和密西西比河流域开展的生态学比较研究方面的成果，完成长江和密西西比河流域的水生态监测数据的收集与整理，总结归纳长江和密西西比河流域的水生态长时间序列的时空动态变化及其保护与修复措施。通过开展与国际河流密西西比河的生态学比较研究，本书可以为长江流域提炼出有针对性的、有国际经验支撑的水生生物保护和生态修复措施，为我国长江流域鱼类等水生生物资源保护和水生生态系统健康修复提供可对比的国际经验。

本书的总体框架和内容布局由中国科学院水生生物研究所陈宇顺研究员构思和设计。全书的撰写由中国科学院水生生物研究所熊芳园博士和陈宇顺研究员共同完成，经中国长江三峡集团有限公司陈永柏研究员修改和补充，最后由陈宇顺研究员统稿和定稿。

本书在撰写过程中得到了中国科学院水生生物研究所多方面的支持，特别感谢在本课题研究中付出辛勤劳动的实验师辛未女士、屈霄博士、夏文彤博士、刘晗博士、高雯琪博士、陆颖博士生、李中阳博士生、杨波博士生等。在此谨向为本书编写过程中提供帮助但未列出名字的其他专家、学者和研究生表示衷心感谢！本书的出版得到了科技部国家重点研发计划项目（2023YFC3209002；2019YFD0901203）、国家自然科学基金项目（32303011）、中国科学院重点部署项目（ZDRW-ZS-2017-3-2）、中国科学院百人计划项目（Y623021201）和中国长江三峡集团有限公司长江生态格局项目（201903144）的资助，在此表示衷心感谢！

本书虽力求全面总结长江和密西西比河的水生态与保护状况，提炼长江水生态保护与修复建议，但由于数据资料和作者学术水平有限，本书难免会有遗漏和不足之处，敬请各位读者批评指正。

作　者

2024 年 1 月于武汉

# 目　录
CONTENTS

# 第 1 章

# 长江和密西西比河概况

## 1.1 长 江

### 1.1.1 地形地貌

长江流域地形特征是西北部高、东南部低,自西向东跨越中国地势的三级阶梯(图1-1)。长江流域最高海拔达 6 486 m,长江干流江段海拔范围为 0～4 547 m(图 1-1、图 1-2)。其中,沱沱河的海拔约为 4 547 m,直门达的海拔约为 3 600 m,宜宾的海拔约为 260 m,

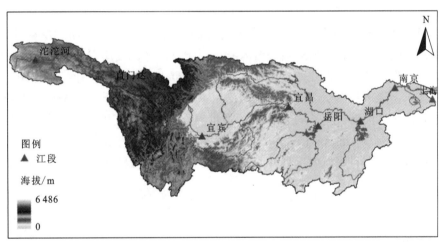

图 1-1 长江流域海拔

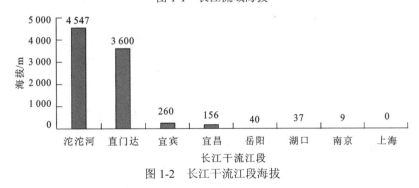

图 1-2 长江干流江段海拔

宜昌的海拔约为 156 m, 岳阳的海拔约为 40 m, 湖口的海拔约为 37 m, 南京的海拔约为 9 m, 上海的海拔约为 0 m。

长江干流各水电站海拔范围也较大 (图 1-3)。其中, 乌东德水电站的海拔约为 988 m, 白鹤滩水电站的海拔约为 820 m, 溪洛渡水电站的海拔约为 600 m, 向家坝水电站的海拔约为 380 m, 三峡水电站的海拔约为 175 m, 葛洲坝水电站的海拔约为 145 m。

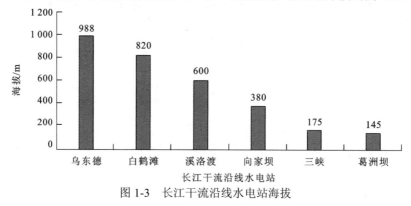

图 1-3    长江干流沿线水电站海拔

## 1.1.2    水系概况

长江发源于具有"世界屋脊"之称的青藏高原腹地唐古拉山脉的主峰各拉丹冬雪山的西南侧。长江干流自西向东流经青海省、西藏自治区、四川省、云南省、重庆市、湖北省、湖南省、江西省、安徽省、江苏省、上海市 11 个省 (自治区、直辖市), 在上海市和江苏省南通市的崇明岛通过南北两支向东流入东海 (图 1-4), 全长近 6 400 km, 其长度较我国第二大河黄河长约 800 km。在世界大河中, 长江的长度排在尼罗河 (Nile River) 和亚马孙河 (Amazon River) 之后, 位列世界第三。然而, 与这些世界级大河相比, 长江流域全部在我国境内, 尼罗河和亚马孙河流域则分别流经非洲 9 个国家和南美洲 7 个国家。

图 1-4    长江流域省份以江段划分示意图

长江干流以宜昌为分界点，宜昌以上称为上游，长约 4 500 km，流域面积约 100 万 km²。长江上游的直门达至宜宾称为金沙江，长 2 308 km。宜宾以下至宜昌的干流江段习称为川江，长 1 030 km。宜昌以下至湖口为中游，长 950 多 km，流域面积约 68 万 km²。湖口以下至崇明岛入海口为下游，长 938 km，流域面积约 12 万 km²。

长江流域面积约 180 万 km²，约占全国的 1/5，2017 年流域总人口 4.59 亿人，约占全国总人口的 33%。长江流域湖泊众多，集中在中下游地区，其中鄱阳湖、洞庭湖、太湖、巢湖居中国五大淡水湖之列。长江流域划分为 12 个水资源二级区，包括石鼓以上的金沙江、石鼓以下的金沙江、上游三大支流水系岷沱江、嘉陵江和乌江、上游干流宜宾至宜昌、中游两大通江湖泊水系洞庭湖水系和鄱阳湖水系、中游支流水系汉江、中游干流宜昌至湖口、湖口以下干流、太湖水系（图 1-5）。

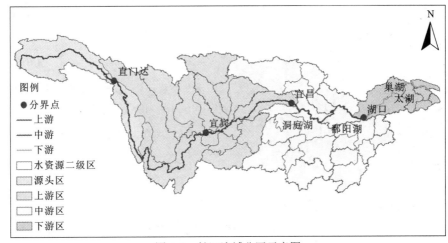

图 1-5　长江流域分区示意图

长江流域各类资源丰富，包括水资源、水能、土壤、航道、矿产、森林、草原和生物物种等。目前，长江流域约 4.5 亿人和北方超 1 亿人（通过南水北调工程）都饮用长江水，长江成为中国最重要的水源地。长江流域水量呈东高西低的空间分布，2022 年长江水资源总量为 8 590.5 亿 m³，约占全国的 32%，居全国各大江河之首。其中，洞庭湖流域、鄱阳湖流域是长江流域产水量最高的子流域。长江流域不仅支持着流域内的工农业生产用水和生活用水，还通过南水北调等引调水工程，保障流域以外广大地区的供水安全。2023 年 12 月 12 日，南水北调东中线一期工程全面通水 9 周年，累计调水超 670 亿 km³（含东线北延应急供水工程），为 1.76 亿人提供了水安全保障，为水资源优化配置、群众饮水安全保障、河湖生态环境复苏、南北经济循环畅通、国家重大战略实施、经济社会高质量发展提供了可靠的水资源支撑。有着"黄金水道"美誉的长江，是联系我国东、中、西部的航运大动脉，覆盖上海市、江苏省、安徽省、江西省、湖北省、湖南省、重庆市、四川省、云南省、青海省、西藏自治区 11 个省（直辖市）。长江流域的城市经济圈如长三角经济圈、长江中游城市群、成渝双城经济圈，对我国经济社会发展具有十分重要的战略意义。

### 1.1.3 河流特征

长江具有非常发达的水系，支流众多，其中流域面积在 0.1 万 km² 、1 万 km² 和 8 万 km² 以上的支流分别有 437 条、49 条和 8 条。其中流域面积超过 10 万 km² 的支流有雅砻江、岷江、嘉陵江和汉江。支流的流域面积以嘉陵江最大，而年径流量和年平均流量以岷江最大。总长 1 000 km 以上的支流有汉江、嘉陵江、雅砻江、沅江和乌江，其中汉江的长度最长。雅砻江（1 571 km）、岷江（735 km）、嘉陵江（1 345 km）、乌江（1 037 km）、汉江（1 577 km）、沅江（1 033 km）、湘江（856 km）、赣江（823 km）是长江的八大主要支流（图 1-6）。

图 1-6  长江流域主要支流分布图

### 1.1.4 湖泊特征

长江中下游地区是长江流域湖泊的主要分布区域（图 1-7）。以鄱阳湖及相关湖泊为

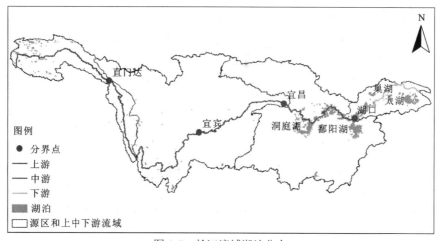

图 1-7  长江流域湖泊分布

主要代表，江西省的湖泊面积最大，达到 3 765.9 km²；江苏省是湖泊面积第二大的省，达到 3 137.7 km²，包括太湖及相关湖泊；湖北省、安徽省、湖南省的湖泊面积在江西省和江苏省之后，分别为 2372.0 km²、1 918.8 km²、1 799.2 km²（图 1-7）（尚博誉 等，2021）。

自西晋时期开始，长江流域的湖泊经历了多次大规模的围湖垦殖（中国科学院地理研究所，1985），至清朝中期到达高峰（Du et al.，2011）。20 世纪 50～70 年代，围湖垦殖规模大幅度增加，围湖垦殖总面积超过 1.3 万 km²（姜加虎 等，2006）。例如，有"千湖之省"之称的湖北省，围湖垦殖导致湖泊面积减少了 5 500 km² 以上，容积减少了约 69 亿 m³（汪富贵，2010）。长江流域的森林覆盖率在近百年来大幅下降，导致了水土流失和泥沙淤积，从而使湖泊被围湖垦殖的进程快速推进。

长江中下游地区湖泊总面积为 1.41 万 km²，约占全国湖泊总面积的 1/5，是我国淡水湖泊分布最集中的地区（梁彦龄和刘伙泉，1995）。长江中下游的湖泊有超过 100 个面积在 10 km² 以上，近 40 个在湖北省，约 20 个在湖南省，另外约 10 个在江西省和安徽省，它们原本与长江干流相通（蒋固政和李志军，2010）。自 20 世纪中叶开始，长江中下游的大规模围湖垦殖、修堤和建坝等活动阻断了湖泊与长江干流的天然联系，导致大多数通江湖泊成为阻隔湖泊，目前仅有洞庭湖、鄱阳湖和石臼湖与长江干流保持自然连通（图 1-8）。

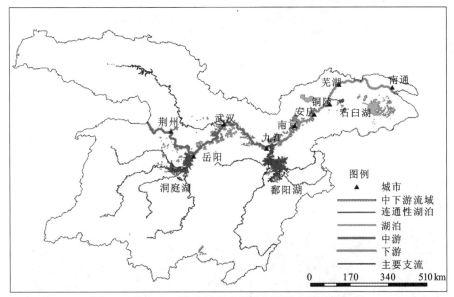

图 1-8　长江中下游流域现存湖泊以及连通性湖泊分布

牛轭湖是类似弯曲的新月形、马蹄形或"U"形湖泊，因河流发生侵蚀和沉积过程而形成（图 1-9）。河流弯道外侧流速较快，弯道内侧流速较慢，从而弯道外侧河岸被迅速侵蚀，弯道内侧河岸则发生泥沙沉积[图 1-9（a）]。随着时间的推移，河流弯道外侧河岸被不断侵蚀，并进一步被扩大和加宽，从而形成了一个突出的环状结构。这种侵蚀使得两个河流弯道外侧的距离逐渐变窄[图 1-9（b）]。当洪水突发时，河水冲破弯道，从而形成一条新的河流通道[图1-9（c）]。最终，环状结构与河流的其他部分断开，呈弯曲的马蹄形，成为一个独立的水体——牛轭湖[图1-9（d）]。

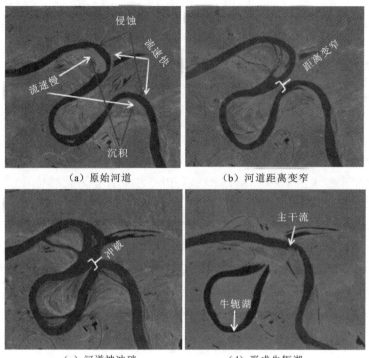

（a）原始河道 （b）河道距离变窄

（c）河道被冲破 （d）形成牛轭湖

图1-9 牛轭湖的形成过程

下荆江河段位于长江中游，是长江全流程中曲流最多的地区，该地区河道冲刷和淤积频繁，干流自然改道较多，因而形成了较多的牛轭湖。每个牛轭湖通过裁弯取直后与长江干流分离，成为与长江干流保持一定联系但又相对独立的湖泊。其中，长江中游最典型的牛轭湖为天鹅洲故道和何王庙故道（图1-10）。天鹅洲故道（29°47′N～29°51′N，112°33′E～112°37′E）位于湖北省石首市下游约20 km处。1972年，由于长江干流裁弯取直，形成了新的牛轭湖，即长江天鹅洲故道。天鹅洲故道与长江干流相互独立，全长

（a）天鹅洲故道 （b）何王庙故道

图1-10 天鹅洲故道和何王庙故道

20.9 km，水域面积约 13.7 km²，平均水深 4.5m。自 20 世纪 90 年代开始，中国科学院水生生物研究所向天鹅洲故道引进长江江豚（*Neophocaena phocaenoides*）进行迁地保护。何王庙故道（29°40′N～29°47′N，112°56′E～113°02′E）为 1956 年由长江裁弯取直形成的另一个典型的牛轭湖，位于湖北省监利市与湖南省华容县交界处。何王庙故道上游与长江分离，下游与长江通汇，全长 33 km，宽约 1 km，水域面积约 24.89 km²。2014年，经湖北省人民政府批准在何王庙故道建立长江江豚保护区。

## 1.1.5　气候特点

长江流域具有明显的季风气候，属于东亚季风区。辽阔的地域和复杂的地貌造就了长江流域多样的地区气候特征。根据柯本气候分类，长江流域主要存在三种气候类型，包括长江源区的苔原气候、长江上游的冬干暖温气候，以及长江中下游的常湿暖温气候（图 1-11）。

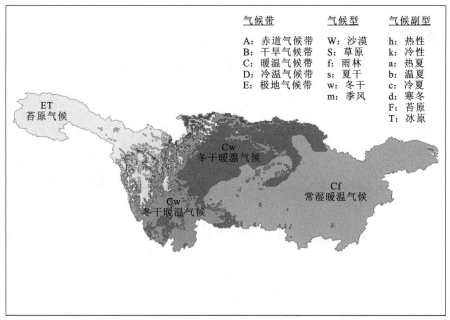

图 1-11　长江流域气候分区

## 1.1.6　洪水特征

在诸多因素中，汛期强降水是长江流域发生洪水的主要原因之一。例如，当流域内降水时间集聚且空间叠加出现时，流域性的极端洪涝灾害极易发生。过去 2 000 年，长江干流的洪水事件及其频次呈现出波动递增的趋势。总体来看，可以分为两个明显的阶段：洪水事件在 950 年之前发生频率较低，而在 950 年之后开始显著增加（图 1-12）（李雨凡 等，2022）。长江上游、中游、下游的洪水年份分别有 288 年、426 年、347 年，极端洪水事件次数分别为 430 次、534 次、465 次（李雨凡 等，2022）。

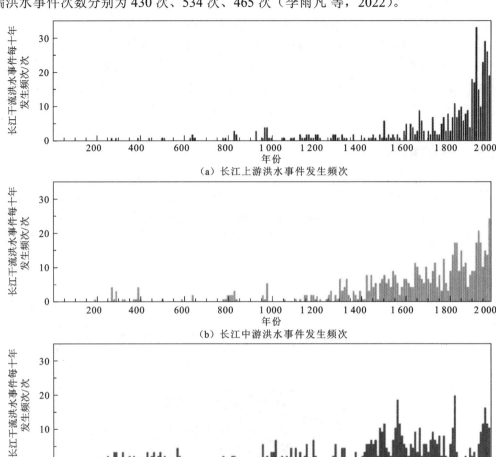

（a）长江上游洪水事件发生频次

（b）长江中游洪水事件发生频次

（c）长江下游洪水事件发生频次

图 1-12　过去 2 000 年长江干流上游、中游、下游洪水事件发生频次（李雨凡 等，2022）

# 1.2　密西西比河

## 1.2.1　地形地貌

密西西比河（Mississippi River）流域地形特征与长江相似，均为西北部高、东南部低（图 1-13）。密西西比河流域最高海拔仅为 2 047 m，密西西比河干流沿线城市海拔为 0～410 m，密苏里河（Missouri River）干流沿线城市海拔为 130～1 150 m（图 1-13～图 1-15）。其中，圣路易斯（Saint Louis）的海拔约为 130 m，孟菲斯（Memphis）的海拔约为 66 m，奥马哈（Omaha）的海拔约为 310 m。

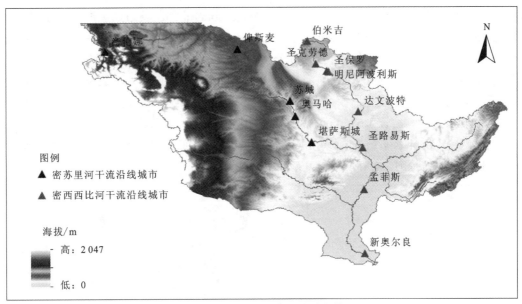

图 1-13　密西西比河流域海拔

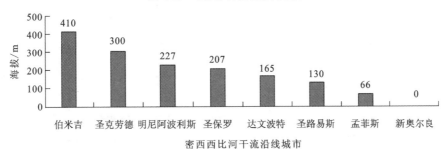

图 1-14　密西西比河干流沿线城市海拔

伯米吉（Bemidji）；圣克劳德（Saint Cloud）；明尼阿波利斯（Minneapolis）；圣保罗（Saint Paul）；达文波特（Davenport）

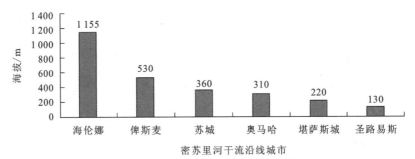

图 1-15　密苏里河干流沿线城市海拔

海伦娜（Helena）；俾斯麦（Bismarck）；苏城（Sioux City）；堪萨斯城（Kansas City）

## 1.2.2　水系概况

密西西比河流域面积为 322 万 $km^2$，包括美国本土 41% 的地区和加拿大两个省的部分地区。这条河的主干从明尼苏达州（State of Minnesota）北部的艾塔斯卡湖（Itasca Lake）的源头流向墨西哥湾（Gulf of Mexico），全长 3 766 km。密西西比河上游是密苏里州（State of Missouri）圣路易斯以北的部分，大部分被 27 个水闸和水坝拦蓄。在密苏里河河口的圣路易斯和俄亥俄河（Ohio River）河口的开罗（Cairo）之间有一条 322 km 长的河段，该河段畅通无阻，通常被称为密西西比河中游。密西西比河下游始于俄亥俄河汇合处的开罗，流至墨西哥湾，长 1 535 km（图 1-16）。与世界上其他河流相比，密西西比河-密苏里河（Mississippi River -Missouri River）的长度排名第四（6 262 km），紧随尼罗河（6 671 km）、亚马孙河（6 480 km）和长江（6 400 km）。

图 1-16 密西西比河干流

## 1.2.3 河流特征

密西西比河支流众多，水系复杂。主要支流包括密苏里河（4 088 km）、俄亥俄河（2 108 km）、田纳西河（Tennessee River）（1 426 km）及阿肯色河（Arkansas River）（2 350 km）（图 1-17）。

## 1.2.4 湖泊特征

2016 年加拿大蒙特利尔市（Montréal）的麦吉尔大学（McGill University）地理系统计，面积在 500 km² 以上的湖泊、在大数据库中有名称的大型水库、在全球湖泊和湿地数据库（Global Lakes and Wetlands Database，GLWD）中有名字的较小湖泊，以及密西西比河流域已被命名的湖泊和水库共有 423 个，其中湖泊为 14 个，水库为 409 个（图 1-18）。

密西西比河流域的湖泊面积大小范围为 56.8~1 645.2 km²，平均水深为 1.0~42.9 m，

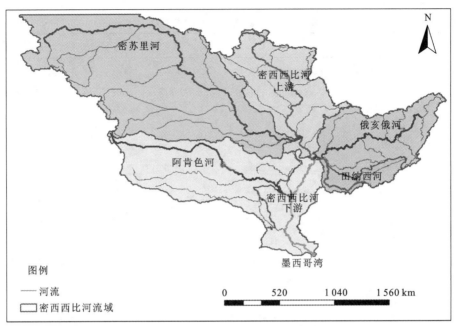

图 1-17 密西西比河流域主要支流

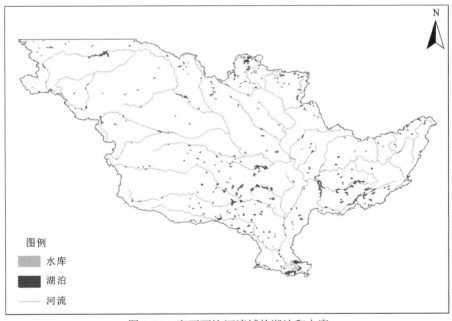

图 1-18 密西西比河流域的湖泊和水库

海拔为 0～2 360 m。其中，湖泊面积排名前三的为庞恰特雷恩湖（Pontchartrain Lake）、米尔湖（Mille Lacs Lake）和萨尔瓦多湖（Salvador Lake）（表 1-1）。密西西比河流域的水库面积大小范围为 0.2～1 126.8 km$^2$，平均水深为 2.0～258.9 m，海拔为 17～3 081 m。其中，水库面积排名前三的为伯特霍尔德堡水库（Fort Berthold Reservoir）、奥阿希水库（Oahe Reservoir）和佩克堡水库（Fort Peck Reservoir）（表 1-2）。

表 1-1 密西西比河流域的主要湖泊

| 排序 | 中文名称 | 英文名称 | 面积/km² | 平均水深/m | 海拔/m |
|---|---|---|---|---|---|
| 1 | 庞恰特雷恩湖 | Pontchartrain Lake | 1 645.2 | 3.8 | 0.0 |
| 2 | 米尔湖 | Mille Lacs Lake | 516.1 | 7.8 | 377.0 |
| 3 | 萨尔瓦多湖 | Salvador Lake | 386.5 | 1.0 | 0.0 |
| 4 | 黄石湖 | Yellowstone Lake | 340.5 | 42.9 | 2 360.0 |
| 5 | 加尔卡修湖 | Calcasieu Lake | 256.3 | 4.2 | 1.0 |
| 6 | 莫尔帕湖 | Maurepas Lake | 237.0 | 1.5 | 2.0 |
| 7 | 怀特湖 | White Lake | 225.6 | 1.3 | 0.0 |
| 8 | 格兰德湖 | Grand Lake | 190.8 | 1.5 | 0.0 |
| 9 | 坎宁费里湖 | Canyon Ferry Lake | 121.1 | 23.7 | 1 152.0 |
| 10 | 卡莱尔湖 | Carlyle Lake | 90.9 | 5.7 | 132.0 |
| 11 | 赖斯湖 | Rice Lake | 76.8 | 8.7 | 393.0 |
| 12 | 阿勒曼兹湖 | Lac des Allemands | 69.9 | 1.5 | 1.0 |
| 13 | 卡塔胡拉湖 | Catahoula Lake | 62.4 | 2.7 | 8.0 |
| 14 | 弗雷特湖 | Verret Lake | 56.8 | 3.3 | 3.0 |

表 1-2 密西西比河流域面积排名前十的水库

| 排序 | 中文名称 | 英文名称 | 面积/km² | 平均水深/m | 海拔/m |
|---|---|---|---|---|---|
| 1 | 伯特霍尔德堡水库 | Fort Berthold Reservoir | 1 126.8 | 26.8 | 557.0 |
| 2 | 奥阿希水库 | Oahe Reservoir | 1 092.5 | 26.6 | 486.0 |
| 3 | 佩克堡水库 | Fort Peck Reservoir | 814.1 | 28.9 | 679.0 |
| 4 | 肯塔基州水库 | Kentucky Reservoir | 574.7 | 13.2 | 107.0 |
| 5 | 利奇湖 | Leech Lake | 412.6 | 2.0 | 392.0 |
| 6 | 尤福拉湖 | Eufaula Lake | 355.0 | 13.3 | 179.0 |
| 7 | 特克索马湖 | Texoma Lake | 263.1 | 24.4 | 190.0 |
| 8 | 巴克利湖 | Barkley Lake | 255.1 | 10.1 | 107.0 |
| 9 | 温妮比格希什湖 | Winnibigoshish Lake | 248.3 | 2.7 | 392.0 |
| 10 | 夏普湖 | Sharpe Lake | 228.4 | 10.3 | 429.0 |

密西西比河及其支流拥有大量的牛轭湖湿地，特别是下游流域，如阿肯色州（State of Arkansas）的穆恩湖（Moon Lake）、豪斯绍湖（Hlorseshoe Lake）和奇科湖（Chico Lake），以及密西西比州（State of Mississippi）的伊格尔湖（Eagle Lake）（图 1-19）。

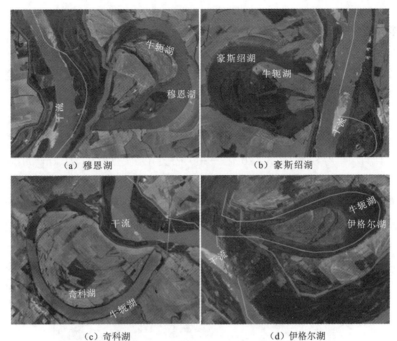

（a）穆恩湖　　　　　　　　（b）豪斯绍湖

（c）奇科湖　　　　　　　　（d）伊格尔湖

图 1-19　密西西比河流域的牛轭湖

## 1.2.5　气候特点

　　密西西比河流域主要是温带大陆性气候，南部小部分是亚热带气候。根据柯本气候分类，密西西比河流域主要存在三种气候类型，包括西部的草原气候、东北部的常湿冷温气候和东南部的常湿暖温气候（图 1-20）。

图 1-20　密西西比河流域的气候分区

## 1.2.6 洪水特征

1849~2001年，密西西比河发生了大约11次重大洪水事件，其中包括1927年、1936年、1973年和1993年的灾难性洪水。1927年，密西西比河下游的洪水破坏了堤防保护系统，超过67 340 km²的土地被洪水淹没，超过60万人流离失所，200多人丧生，损失超过100亿美元。1993年的洪水在密西西比河上游和密苏里河流域导致了严重的灾害，38人直接死于洪水，经济损失在120亿~200亿美元，超过2.7万km²的土地被洪水淹没，农业损失占全部损失的一半以上，超过10万所房屋被毁，洪水响应和恢复行动花费了60多亿美元。降雨、融雪和土壤湿度这3个因素可能会使密西西比河部分地区在某些年份的春天遭遇大洪水。例如，2014年2月27日、2019年2月22~24日的强烈风暴导致密西西比河中部地区发生了严重洪灾（图1-21、图1-22）。

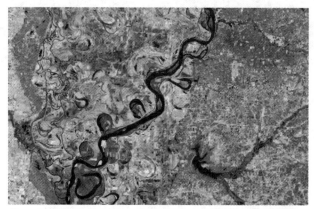

图1-21　2014年2月27日田纳西州（State of Tennessee）孟菲斯附近密西西比河江段的遥感影像

图1-22　2019年2月27日田纳西州孟菲斯附近密西西比河江段的遥感影像

扫一扫，看本章彩图

# 第 2 章
# 水生态基础

## 2.1 长　江

### 2.1.1　气候

#### 1. 气温

长江流域年平均气温呈现西部低、东部高的区域格局。1981 年，长江流域年平均气温范围为-14.8~22.2℃（图 2-1）。2020 年，长江流域年平均气温范围为-14.4~22.7℃（图 2-2）。与 1981 年相比，2020 年的最低年平均气温降低了 0.4℃，最高年平均气温升高了 0.5℃。

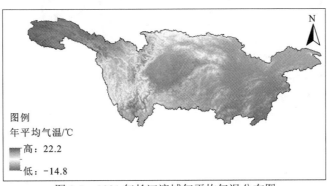

图 2-1　1981 年长江流域年平均气温分布图

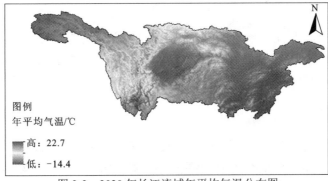

图 2-2　2020 年长江流域年平均气温分布图

## 2. 降水

长江流域年平均降水量呈现西部低、东部高的区域格局。1981 年，长江流域年平均降水量范围为 344～3 107 mm（图 2-3）。2020 年，长江流域年平均降水量范围为 200～2 946 mm（图 2-4）。与 1981 年相比，2020 年最低年平均降水量降低了 144 mm，最高年平均降水量降低了 161 mm。

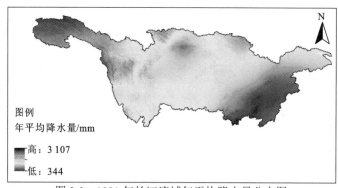

图 2-3　1981 年长江流域年平均降水量分布图

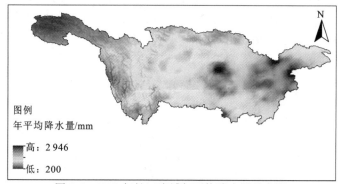

图 2-4　2020 年长江流域年平均降水量分布图

## 2.1.2　物理

### 1. 水体流量

2001～2018 年，长江干流的朱沱断面、宜昌断面、汉口 37 码头断面、大通断面年径流量均无明显变化趋势，在一定范围内波动（娄保锋 等，2020）。此外，大通断面的年径流量最大，其次为汉口 37 码头断面、宜昌断面和朱沱断面（娄保锋 等，2020）（图 2-5）。

### 2. 年输沙量

长江干流年输沙量在 2001 年后变幅较大，相较于 2001 年，朱沱断面、宜昌断面、汉口 37 码头断面、大通断面在 2018 年的年输沙量分别下降了 76.6%、87.9%、72.1%、

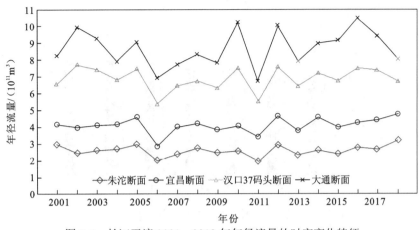

图 2-5　长江干流 2001～2018 年年径流量的时空变化特征

69.9%。其中以宜昌断面的年输沙量降幅最大，从 2001 年的 2.99 亿 t 降至 2018 年的 0.36 亿 t，发生了根本性的变化（娄保锋 等，2020）（图 2-6）。

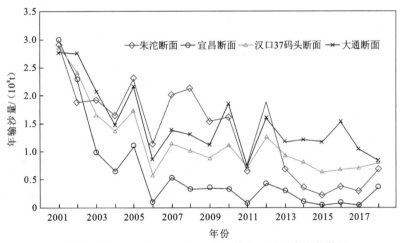

图 2-6　长江干流 2001～2018 年年输沙量的时空变化特征

## 2.1.3　化学

1. 营养盐

长江上游干流水质的总氮（total nitrogen，TN）含量低于中下游（图 2-7）。2006～2012 年，上游干流水质总氮含量均值为 1.55 mg/L；中下游干流水质总氮含量均值为 1.63 mg/L（图 2-7）。

近几年的数据显示总磷（total phosphorus，TP）为长江流域水质的主要超标因子（Zhang et al.，2019）。长江上游的 TP 含量在 2011～2019 年呈先升后降趋势，于 2013 年前后达到峰值后逐渐降低（图 2-8）。长江中游的 TP 含量也呈现类似的趋势，其中荆江口断面在 2014 年、城陵矶断面在 2013 年分别达到峰值，九江姚港断面和湖口断面同时在 2014 年

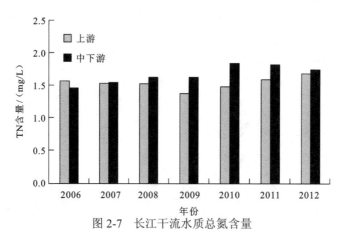

图 2-7　长江干流水质总氮含量

达到峰值后降低。长江干流在 2011～2019 年上中游的 TP 含量高于下游。长江流域特别是上中游是我国"三磷"（磷矿、磷化工企业和磷石膏库）的主要分布区域（陈善荣 等，2020）。

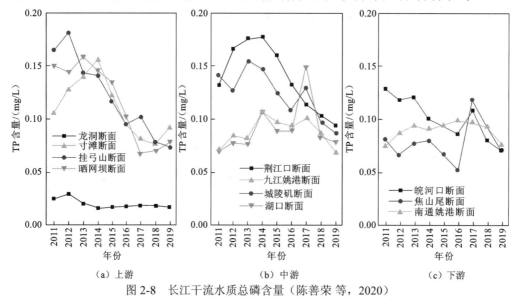

（a）上游　　　　　　　（b）中游　　　　　　　（c）下游

图 2-8　长江干流水质总磷含量（陈善荣 等，2020）

1981～2001 年，长江上游和中游段的高锰酸盐指数 $COD_{Mn}$ 呈波动升高趋势，1981～1985 年，下游江段 $COD_{Mn}$ 较高；长江干流地表水中的 $COD_{Mn}$ 在 2003 年后呈下降趋势，各断面的年均值维持在 2.5 mg/L 左右。$COD_{Mn}$ 的年均值排序为：上游低于中游，中游低于下游，见图 2-9（陈善荣 等，2020）。

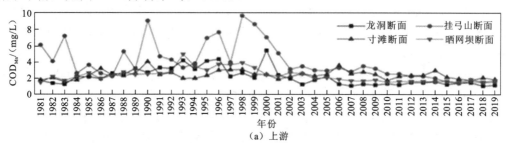

（a）上游

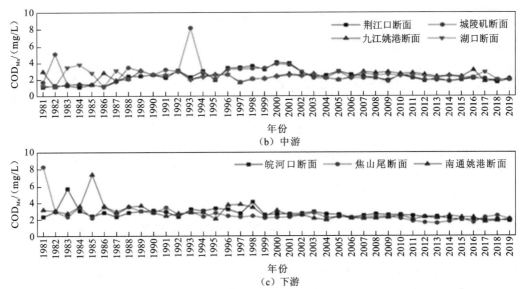

（b）中游

（c）下游

图 2-9　1981～2019 年长江干流部分连续监测断面 COD$_{Mn}$ 变化趋势（陈善荣 等，2020）

长江干流不同江段的地表水氨氮（ammonia nitrogen，NH$_3$-N）含量在不同时期的变化趋势存在差异（图 2-10）（陈善荣 等，2020）。1981～1990 年，上游、中游的氨氮含量呈中幅波动，而下游则呈大幅波动，部分年度甚至出现氨氮含量超标的情况。1991～1995年，上游和下游的氨氮含量均较稳定，中游则呈现先升后降的趋势。1996～2007 年，上游氨氮含量表现出"M"形变化特征，中游和下游氨氮含量均呈缓慢上升趋势。2008～2019 年，各江段的氨氮含量均呈逐渐下降趋势，下降至近年来的 0.1 mg/L 以下（图 2-10）（陈善荣 等，2020）。

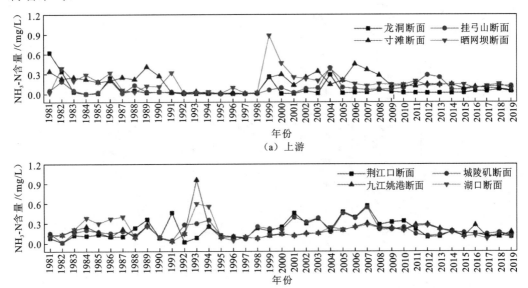

（a）上游

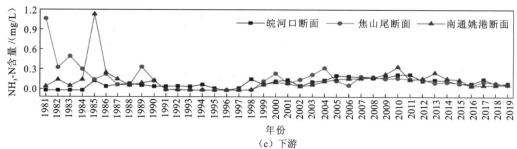

图 2-10　1981～2019 年长江干流部分连续监测断面变化趋势（陈善荣 等，2020）

## 2. 微塑料

长江干流 5 个不同江段 2019 年 7 月拖网式捕捞的微塑料平均丰度依次为：川江 [（2.80±1.86）×$10^6$ $n/km^{2①}$]、中游 [（5.70±2.60）×$10^5$ $n/km^2$]、河口 [（5.49±1.77）×$10^5$ $n/km^2$]、下游 [（4.42±2.08）×$10^5$ $n/km^2$] 和金沙江 [（2.26±0.99）×$10^5$ $n/km^2$]（图 2-11）。过滤式捕捞的微塑料平均大小顺序为：川江 [（2 613.9±296.9）$n/m^{3②}$]、河口 [（1 838.9±1 041.9）$n/m^3$]、金沙江 [（1 541.7±592.8）$n/m^3$]、中游 [（1 411.1±300.0）$n/m^3$] 和下游 [（983.3±234.7）$n/m^3$]。拖网式捕捞的微塑料丰度平均值为 12.3 $n/m^3$，范围为 2.2±0.8～56.6±51.6 $n/m^3$，其丰度明显低于过滤式捕捞的。此外，不同江段以拖网式和过滤式获取的微塑料丰度变化趋势相似（He et al.，2021）。长江流域水体微塑料以聚酯类、聚乙烯和聚丙烯为主，形态多为纤维状、碎片和薄膜状（图 2-12）（李天翠 等，2021）。

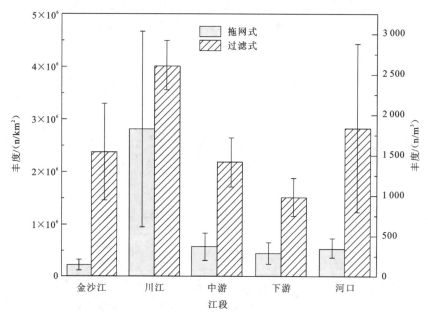

图 2-11　长江干流 5 个江段的微塑料丰度（He et al.，2021）

---

① $n/km^2$ 表示 1 $km^2$ 表层水中微塑料的数量
② $n/m^3$ 表示 1 $m^3$ 表层水中微塑料的数量

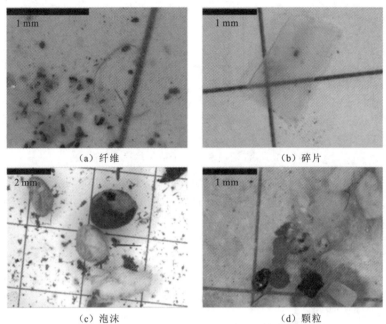

（a）纤维　　　　　　　　　　　　　　（b）碎片

（c）泡沫　　　　　　　　　　　　　　（d）颗粒

图 2-12　长江干流水体中采集到的不同形状的典型微塑料（李天翠 等，2021）

## 2.1.4　生物

### 1. 渔业捕捞量

长江流域天然渔业资源从 20 世纪 40 年代的 $1.657 \times 10^5$ t，下降到 21 世纪 10 年代的 $5.84 \times 10^4$ t[图 2-13（a）]。长江干流天然渔业资源从 20 世纪 40 年代的 $1.5 \times 10^5$ t，下降到 21 世纪 10 年代的 $7.7 \times 10^3$ t[图 2-13（b）]。其中，长江上游干流天然渔业资源从 20 世纪 90 年代的 $1.96 \times 10^4$ t，下降到 21 世纪 10 年代的 $1.7 \times 10^3$ t；长江中下游干流天然渔业资源从 20 世纪 90 年代的 $5.9 \times 10^3$ t 下降到 21 世纪前 10 年的 $2.7 \times 10^3$ t，21 世纪 10 年代为 $6 \times 10^3$ t[图 2-13（c）]。

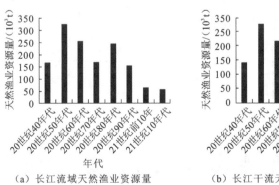

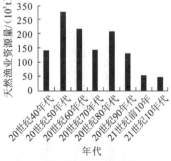

（a）长江流域天然渔业资源量　　　　　　　（b）长江干流天然渔业资源量

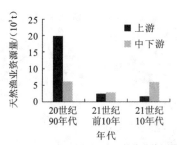

（c）长江不同江段天然渔业资源量

图 2-13　长江流域和长江干流天然渔业资源量

其中，重要经济鱼类的总天然捕捞量也呈下降趋势，如铜鱼（*Coreius heterodon*）（图 2-14）、黄颡鱼（*Pelteobagrus fulvidraco*）（图 2-15）及凤鲚（*Coilia mystus*）（Chen et al.，2020）（图 2-16）。

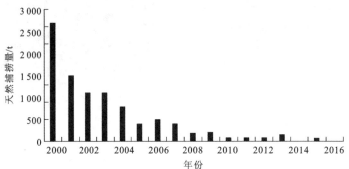

图 2-14　葛洲坝坝下铜鱼天然捕捞量

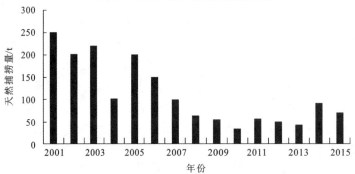

图 2-15　葛洲坝坝下黄颡鱼天然捕捞量

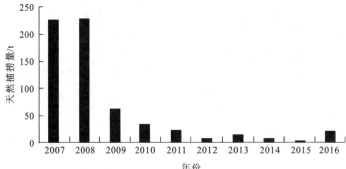

图 2-16　汛期河口区凤鲚天然捕捞量

### 2. 鱼类丰富度

长江流域鱼类种类丰富，拥有"鱼类基因的宝库""经济鱼类的原种基地"的称号。长江流域共分布有鱼类 416 种，其中淡水鱼类有 362 种，包括长江特有种鱼类有 178种，占长江流域鱼类的 42.8%。然而近年来，长江干流的鱼类物种数总体上有明显的减少趋势。去除外来物种后，与 20 世纪 80 年代相比，现状调查（2015～2017 年）得到的长江源区干流鱼类物种数、特有种和受威胁物种无显著变化；长江上游干流鱼类物种调查数量从 161 种减少到了 115 种（减少 28.6%），特有种调查数量从 96 种减少到了 69 种（减少 28.1%），受威胁物种调查数量从 35 种减少到了 17 种（减少 51.4%）；长江中游干流鱼类物种调查数量从 97 种减少到了 61 种（减少 37.1%），特有种调查数量从 38 种减少到了 22 种（减少 42.1%），受威胁物种调查数量从 16 种减少到了 5 种（减少 68.8%）；长江下游干流鱼类物种调查数量从 112 种减少到了 72 种（减少 35.7%），特有种调查数量从 30 种减少到了 25 种（减少 16.7%），受威胁物种调查数量从 8 种减少到了 7 种（减少 12.5%）（图 2-17）。

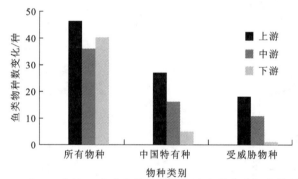

图 2-17　与 20 世纪 80 年代相比，长江干流鱼类物种调查数量变化

### 3. "四大家鱼"

青鱼（*Mylopharyngodon piceus*）、草鱼（*Ctenopharyngodon idellus*）、鲢（*Hypophthalmichthys molitrix*）、鳙（*Arisichthys nobilis*）是我国重要的淡水经济鱼类，通常称为"四大家鱼"（长江水系渔业资源调查协作组，1990）。长江干流的宜昌至城陵矶江段是"四大家鱼"最主要的繁殖栖息地，历史上其规模达到了长江干流"四大家鱼"总体繁殖量的 42.7%（易伯鲁 等，1988）。目前，长江中游分布有宜昌—宜都、枝城、沙市、监利等产卵场，其中宜昌—宜都产卵场规模最大，位于三峡水库下游约 60 km、葛洲坝下游约 20 km，约占整个干流产卵总量的 6.83%（图 2-18）（易伯鲁 等，1988）。

春夏交替时期，随着水位快速抬升，"四大家鱼"成鱼开始在干流繁殖，鱼卵顺流而下并在干流孵化和生长。产卵后成鱼进入湖泊摄食。部分仔鱼直接顺水流进入湖泊，其他群体则在干流漫滩摄食和生长，长成幼鱼后顶流进入湖泊；幼鱼通常需要在湖泊中经过 3～4 年肥育后达到性成熟。在秋末水位下降时成鱼再次从湖泊回到干流，同时幼鱼也会离开较浅的湖水寻找越冬场所（图 2-19）（王洪铸 等，2019）。葛洲坝坝下"四大家鱼"天然捕捞量也呈下降趋势,从2000年的800 t下降到2015年的400 t左右(图2-20)。

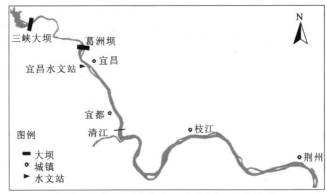

图2-18　宜昌—宜都"四大家鱼"产卵场(李朝达 等,2021)

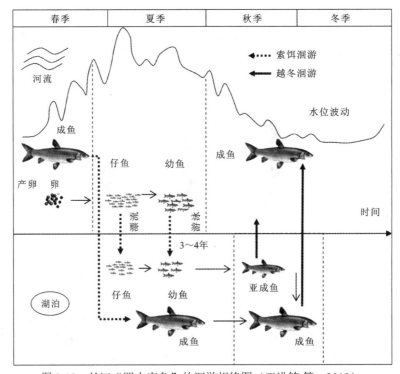

图2-19　长江"四大家鱼"的洄游规律图(王洪铸 等,2019)

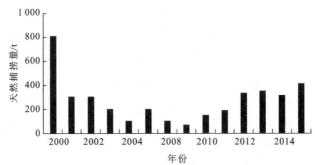

图2-20　葛洲坝坝下"四大家鱼"天然捕捞量

1981 年以来，监利江段"四大家鱼"仔鱼径流量持续下降。2003 年三峡截流后，监利江段"四大家鱼"仔鱼径流量由 2002 的 19 亿尾直线下降到 2003 年的 4 亿尾，仅为 2002 年的 21.1%（Chen et al.，2020；朱滨 等，2009）。此后，监利江段"四大家鱼"仔鱼径流量维持在较低水平。2015～2018 年的调查显示：监利江段"四大家鱼"仔鱼径流量有明显的恢复趋势，最高仔鱼径流量出现在 2016 年，接近 13 亿尾；其次是 2018 年，约 8 亿尾（Chen et al.，2020；朱滨 等，2009）（图 2-21）。

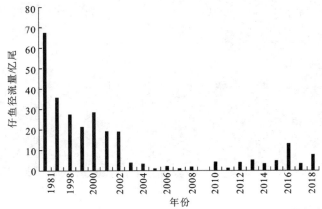

图 2-21　1997～2018 年长江中游监利江段"四大家鱼"仔鱼径流量

根据相关的调查，三峡水库下游的宜昌—宜都产卵场"四大家鱼"的产卵量在 2013～2019 年（除 2016 年）监测期间呈逐年上升的趋势（图 2-22），年增长区间为 4.98%～322.28%。其中尤以 2019 年的产卵量最高，达到了 43.436 亿粒，在 2018 年的基础上增长了 322.28%（李朝达 等，2021）。

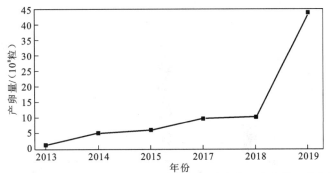

图 2-22　2013～2019 年（除 2016 年）宜昌—宜都"四大家鱼"产卵量（李朝达 等，2021）

4. 鲥

鲥（*Tenualosa reevesii*）是我国特有种，为《中国物种多样性红色名录》极危（critically endangered，CE）物种，主要分布在长江、钱塘江、珠江等主要河流，以长江中最多（图 2-23）（刘绍平 等，2002；邱顺林和陈大庆，1988）。鲥是典型的江海洄游鱼类，在海洋中生长，待个体接近成熟时每年 4～5 月从海洋进入长江口，开始溯河入江生殖洄游，从而形成重要的鱼汛。洄游期间停止摄食，主要依靠体内储存的脂肪提供能量进行运动并完成性腺的最后成熟。在 5 月底～6 月初经过鄱阳湖湖口陆续到达赣江进行产卵繁殖。受精卵孵化后，鲥苗随河流漂流并进入产卵场下游的通江湖泊生长肥育，部分在长江干流进行生长肥育。到 10～11 月，长江口的幼鲥陆续进入海洋，亲鱼完成产卵后也随即返回海洋（长江水系渔业资源调查协作组，1990）。

图 2-23　鲥

另外，鲥产量波动较大，1962 年以前鲥每年的产量在 300～500 t，1971 年仅为 70 t左右，1974 年达到最高峰，为 1 575 t。随后鲥产量骤降，1980 年为 136 t，仅仅过了 7年，到 1987 年已不足 10 t。到了 20 世纪 90 年代，鲥基本从长江中绝迹（图 2-24）。目前，长江、钱塘江、珠江等历史主要分布的水域已连续数十年未见鲥的种群（帅方敏 等，2017；朱栋良，1992）。

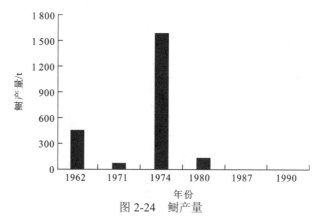

图 2-24　鲥产量

### 5. 其他珍稀水生生物

#### 1）白鱀豚

白鱀豚（*Lipotes vexillifer*）是哺乳纲、鲸目的一种水生哺乳动物（图 2-25）。白鱀豚的自然分布区仅限于长江中下游干流，即湖北宜都至江苏浏河口约 1 600 km 的水域。长江中下游干流拥有众多沙洲。沙洲头、尾两端在枯水期形成滩地，着生大量芦苇与杂草，这些地方在洪水期被淹没，鱼类饵料生物衍生，因而既是鱼类肥育的场所，又是鱼类的捕食者白鱀豚摄食的主要场所（陈佩薰 等，1987）。

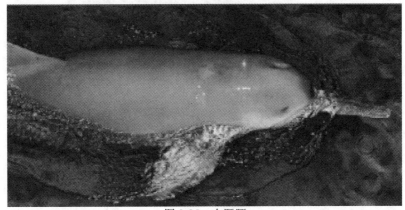

图 2-25　白鱀豚

1985 年长江白鱀豚种群数量约为 300 头（陈佩薰和华元渝，1985）。1986 年以后的调查表明，白鱀豚的种群数量迅速减少，1990 年约 200 头（陈佩薰 等，1993），到 1995 年已不足 100 头。2006 年宣布白鱀豚已经功能性灭绝（图 2-26）。

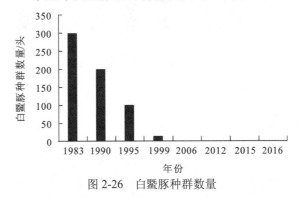

图 2-26　白鱀豚种群数量

### 2）江豚

江豚隶属鲸目江豚属，是当前长江流域唯一存在的小型淡水鲸类动物，主要分布在长江中下游干流、通江湖泊洞庭湖和鄱阳湖（图 2-27）（张先锋 等，1993）。江豚在长江干流中呈斑块状分布，92%出现在离岸 400 m 的水域内（张先锋 等，1993），喜欢在鹅头型分汊河道的缓水区，以及毗邻芦苇沼泽或淹没沙丘的水域活动（于道平 等，2005）。

长江干流江豚种群数量已由 1984～1991 年的 2 546 头急剧下降至 2017 年的 445 头（图 2-28）。2022 年长江江豚种群数量约 1 249 头，包括长江干流约 595 头、鄱阳湖约 492 头、洞庭湖约 162 头。与 5 年前（即 2017 年）相比，长江干流江豚种群数量增加了 33.71%，年均增长率达到了 6.0%，从而使得江豚种群数量止跌回升，实现了历史性转折。（图 2-29）。

图 2-27　长江江豚

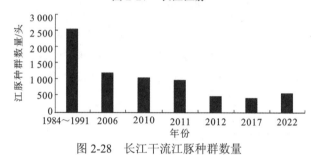

图 2-28　长江干流江豚种群数量

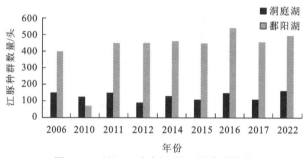

图 2-29　长江干流各江段江豚种群数量

**3）白鲟**

白鲟（*Psephurus gladius*）属于匙吻鲟科，是中国特有的珍稀动物。一般体长 2～3 m，体重 200～300 kg，其中大型个体可达 4～5 m。中国近代生物学的主要奠基人秉志先生记录了在南京捕捉到的一条长 7 m、重 907 kg 的白鲟（Ping，1931）。白鲟体型为梭形，头部较长，吻部呈剑状且上面覆盖着梅花状的陷器。眼睛较小，呈圆形。皮肤光滑无覆盖骨板状的硬鳞。背鳍相对较高，起点在腹鳍之后，均由不分支的鳍条组成。尾鳍呈歪形，上叶发达，尾鳍上缘有一列棘状鳞，背部呈浅紫灰色、腹部及各鳍略呈白粉色。白鲟是一种体型庞大且凶猛的鱼类，无论是成鱼还是幼鱼都以鱼类为主要食物，偶尔也食用一些虾、蟹等小型动物。2022 年 7 月 21 日，白鲟被世界自然保护联盟（International Union for Conservation of Nature，IUCN）列为"灭绝"（extinct，EX）。

白鲟春季溯江产卵，主产在长江宜宾至长江口的干支流中，在钱塘江和黄河下游也有发现。在东海、黄海也曾有白鲟的捕获记录。这说明白鲟是江海洄游鱼类（Wei et al.，1997；Mims et al.，1993），但以淡水生活为主（王熙 等，2020；张世义，2001；四川省长江水产资源调查组，1988）（图 2-30）。

图 2-30　白鲟生活史示意图

白鲟分布在海河到钱塘江之间的各大河流，但自 20 世纪 50 年代以来，只在长江及其河口地区常见。1993 年，白鲟功能性灭绝，2005 年，白鲟灭绝（图 2-31）（Zhang et al.，2020）。

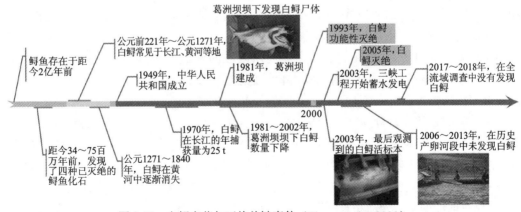

图 2-31　白鲟衰落与灭绝关键事件（Zhang et al.，2020）

1981～2003 年，共收集到 210 次目击白鲟事件[图 2-32 (a)]，其中有详细生物学信息（体长、年龄、目击地点等）的目击事件 45 次[图 2-32 (a)]。大多数目击事件（200次，95.2%）发生在 1995 年以前，1985 年左右为高峰。虽然自 1983 年起禁止对白鲟进行商业捕捞，但坝下游密集渔业（刺网、钓索等）的渔获量并没有减少。其中约 22.4%（47 次）发生在长江上游，而大部分（159 次，75.7%）发生在葛洲坝下游[图 2-32 (b)、(c)]。有详细生物学信息的目击事件共有 45 次，体长 47～363 cm，体重 0.4～200 kg，雌性白鲟 10 尾，雄性白鲟 25 尾，性别不详的白鲟 10 尾（Zhang et al., 2020）。

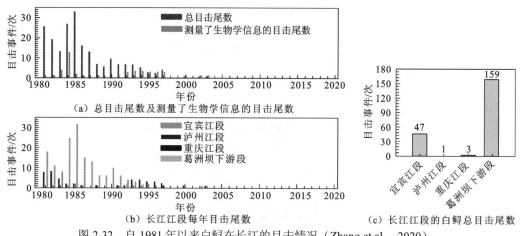

（a）总目击尾数及测量了生物学信息的目击尾数

（b）长江江段每年目击尾数

（c）长江江段的白鲟总目击尾数

图 2-32　自 1981 年以来白鲟在长江的目击情况（Zhang et al., 2020）

#### 4）中华鲟

中华鲟（*Acipenser sinensis*）属于鲟科鲟属，长度介于 1.5～3 m，体重在 40～380 kg。外形与长江鲟（*Acipenser dabryanus*）相似。身体呈纺锤形，头部尖长，口前有 4 条触须，口位于腹部。身体覆盖着大而硬的鳞片，背部有一排鳞片，侧面和腹部各有两排鳞片。尾鳍呈歪形，背鳍与臀鳍相对。腹鳍位于背鳍前方，鳍和尾鳍的基部有棘状鳞（王熙 等，2020）。根据中华鲟的进食方式、口型、早期生命周期消化系统特征及中华鲟幼鱼在中下游地区的饮食特征，对中华鲟在长江中的自然饵料缺乏情况进行了研究。结果表明，长江中下游地区的中华鲟幼鱼主要以岸边浅水区域的底栖动物[如水丝蚓（*Limnodrilus hoffmeisteri*）、摇蚊幼虫]或浮游动物为食（危起伟，2020）。2022 年 7 月 21 日，中华鲟被 IUCN 列为"极危"（critically endangered，CR）。

中华鲟的自然分布范围位于东亚大陆架及其主要注入河流。它的分布范围西起朝鲜半岛西部的黄海，向东到日本九州岛附近的东部，向南经过台湾海峡，最南达到海南的万宁海域。中华鲟主要分布在沿海的岸线，通常在水深 200 m 范围内的大陆架上，同时可以进入沿海的大型河流。这些河流包括黄河、长江、钱塘江、闽江，以及珠江的支流西江。然而，仅在珠江的支流西江和长江形成过比较确定的产卵场或地理种群（危起伟，2020）。

葛洲坝截流前，中华鲟进行繁殖的区域是葛洲坝以上的长江干流，即从金沙江下游的冒水江段至重庆以上的长江江段，总长度超过 600 km，共有 19 个繁殖地点或产卵场。

在这些繁殖地点中，有确切记载的包括金沙江下游的三块石、偏岩子和金堆子，以及长江上游的铁炉滩和望龙碛。葛洲坝建坝后，中华鲟的生殖洄游路径被阻隔，导致坝上原有的繁殖场丧失。庆幸的是，在距离葛洲坝坝下下游约 4 km 的江段，形成了目前仅有的一个相对稳定的产卵场，但产卵场的面积不足原产卵场面积的 1%，中华鲟在该产卵场发生了连续 31 年的可监测到的自然繁殖活动，直至 2012 年以来的 7 年中出现 5 年产卵中断。四川省长江水产资源调查组（1988）对长江上游中华鲟的历史产卵场的特征描述为：上方具有深水和急滩，中间具备深洼的洄水沱，下方有宽阔的石砾或卵石碛坝浅滩；该产卵场必须位于河流弯曲或拐角处，并且具有峡谷、巨石或矶头石梁等物理结构能够改变河流的流向（四川省长江水产资源调查组，1988）。

中华鲟在淡水中繁殖，海洋中成长。中华鲟的生活史可以分为几个重要过程。首先开始自然繁殖，然后孵化，之后进入藏匿阶段。中华鲟在边滩浅水区索饵，然后洄游到长江口淡海水中。它们在海洋中摄食并生长，直至性成熟，整个过程通常平均需要大约14.3 年。即将性成熟的中华鲟（或许通过地球磁力线导航）通常在长江口汇合，每年夏季开始逆流而上（或许通过嗅觉导航，几乎不会迷入支流），最早于秋季便能抵达产卵场所在的江段，部分晚到的个体于 11 月至次年初上溯到达产卵场江段或下游深潭进行越冬。春、夏季，根据水情的变化，中华鲟在产卵场下游江段和产卵场之间来回迁移。秋季待水温适宜时它们再次回到产卵场并进行自然繁殖。中华鲟从孵化至入海约需经历 10个月。其产卵群体在长江口产卵结束后返回海洋，大约需要 18 个月。（危起伟，2020）（图 2-33、图 2-34）。

葛洲坝下的中华鲟估算繁殖群体数量从 1980 年的 1 495 尾锐减到 2017 年的 20余尾（图 2-35）。

图 2-33 中华鲟的生活史

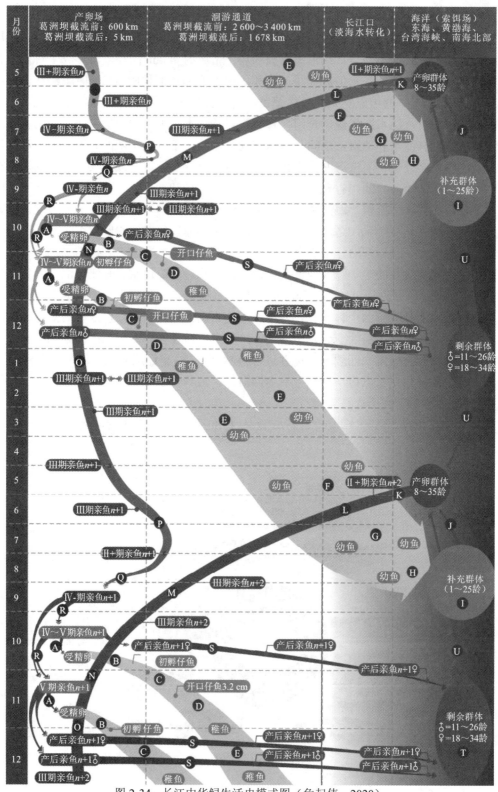

图 2-34　长江中华鲟生活史模式图（危起伟，2020）

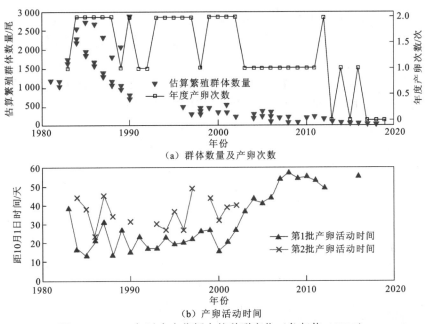

（a）群体数量及产卵次数

（b）产卵活动时间

图 2-35 1980 年以来中华鲟自然种群变化（危起伟，2020）

### 5）长江鲟

长江鲟又称达氏鲟，属于鲟科鲟属。体长为 0.7~1.1 m，体重为 4~16 kg。除了通过分类学特征（如鳃耙数、鳍条数、五列骨板数）来区分，长江鲟在外观上与体型较小的中华鲟非常相似（张世义，2001；四川省长江水产资源调查组，1988）。然而，在生活习性方面，长江鲟与中华鲟存在明显的差异。中华鲟是一种迁徙鱼类，主要栖息在长江干流和其中下游的支流及湖泊中，不进入长江上游的各大支流。而长江鲟主要分布在长江的上中游及其重要支流和大型湖泊中，属于淡水栖息鱼类，见图 2-36（四川省长江

图 2-36 长江鲟的生活史

水产资源调查组，1975）。此外，中华鲟在国外也有分布，而长江鲟则是我国特有的鱼种（王熙 等，2020）。2022 年 7 月 21 日，长江鲟被 IUCN 列为"野外绝灭"（extinct in the wild，EW）。

1988 年，长江鲟被列为国家一级保护动物。1995 年至 21 世纪初，葛洲坝坝下就再没有捕获记录。长江上游虽可以捕到野生的长江鲟，但数量不多（图 2-37）。2010 年长江鲟被 IUCN 列为"极危"。

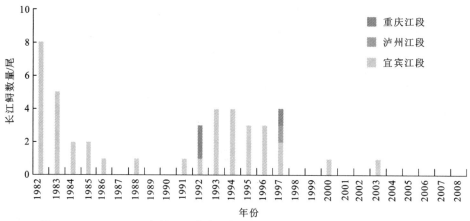

图 2-37　1982～2008 年长江江段中误捕长江鲟的数量统计（王熙 等，2020）

## 6. 外来物种

长江流域外来种鱼类共 91 种，包括国内移殖种 32 种（表 2-1）、国外引入种 58 种（表 2-2），包括大口黑鲈（*Micropterus salmoides*）、斑点叉尾鮰（*Ictalurus punctatus*）、麦瑞加拉鲮（*Cirrhinus mrigala*）、鳄雀鳝（*Atractosteus spatula*）等（图 2-38）（Liu et al.，2017）。

图 2-38　长江中下游干流常见的外来物种——麦瑞加拉鲮

### 表 2-1　长江流域国内引入种名录

| 序号 | 拉丁文名（英文名） | 中文名 |
|---|---|---|
| 1 | *Acipenser schrenckii*（Amur Sturgeon） | 史氏鲟 |
| 2 | *Anguilla japonica*（Japanese eel） | 日本鳗鲡 |
| 3 | *Hyporhamphus intermedius*（garfish） | 间下鱵 |
| 4 | *Abbottina rivularis*（Amur False Gudgeon） | 棒花鱼 |
| 5 | *Acheilognathus chankaensis*（khanka spiny bitterling） | 兴凯鱊 |
| 6 | *Carassius auratus gibelio*（silver Prussian carp） | 银鲫 |
| 7 | *Chanodichthys erythropterus*（Redfin culter） | 红鳍鲌 |
| 8 | *Cyprinus carpio*（Common carp） | 鲤 |
| 9 | *Culter dabryi dabryi*（humpback） | 达氏鲌 |
| 10 | *Hemiculter leucisculus*（sharpbelly） | 鳘 |
| 11 | *Hypophthalmichthys molitrix*（silver carp） | 鲢 |
| 12 | *Aristichthys nobilis*（bighead carp） | 鳙 |
| 13 | *Mylopharyngodon piceus*（black carp） | 青鱼 |
| 14 | *Paramisgurnus dabryanus*（Chinese loach） | 大鳞副泥鳅 |
| 15 | *Rhodeus sericeus*（—） | 黑龙江鳑鲏 |
| 16 | *Rhodeus sinensis*（—） | 中华鳑鲏 |
| 17 | *Hemisalanx brachyrostralis*（—） | 短吻间银鱼 |
| 18 | *Leucosoma chinensis*（Chinese noodlefish） | 白肌银鱼 |
| 19 | *Neosalanx taihuensis*（Taihu lake icefish） | 太湖新银鱼 |
| 20 | *Plecoglossus altivelis*（ayu sweetfish） | 香鱼 |
| 21 | *Protosalanx chinensis*（Silver fish） | 大银鱼 |
| 22 | *Salanx prognathus*（—） | 前颌银鱼 |
| 23 | *Hypseleotris swinhonis*（—） | 小黄黝鱼 |
| 24 | *Lucioperca lucioperca*（pike-perch） | 梭鲈 |
| 25 | *Macropodus ocellatus*（roundtail paradise fish） | 圆尾斗鱼 |
| 26 | *Platichthys stellatus*（Starry Flounder） | 星突江鲽 |
| 27 | *Cynoglossus semilaevis*（tongue sole） | 半滑舌鳎 |
| 28 | *Clarias fuscus*（Hong Kong catfish） | 胡子鲇 |
| 29 | *Pelteobagrus fulvidraco*（banded catfish） | 黄颡鱼 |
| 30 | *Silurus lanzhouensis*（—） | 兰州鲇 |
| 31 | *Silurus soldatovi*（soldatov's catfish） | 怀头鲇 |
| 32 | *Takifugu rubripes*（tiger puffer） | 红鳍东方鲀 |

## 表 2-2　长江流域国外引入种名录

| 序号 | 拉丁文名（英文名） | 中文名 |
|---|---|---|
| 1 | *Acipenser baeri*（Siberian sturgeon） | 西伯利亚鲟 |
| 2 | *Acipenser gueldenstaedtii*（Danube sturgeon） | 俄罗斯鲟 |
| 3 | *Acipenser ruthenus*（sterlet sturgeon） | 小体鲟 |
| 4 | *Huso huso*（beluga） | 欧洲鳇 |
| 5 | *Acipenser baeri* ♀ × *Acipenser ruthenus* ♂（bester） | 杂交鲟 |
| 6 | *Polyodon spathula*（American paddlefish） | 匙吻鲟 |
| 7 | *Anguilla anguilla*（European eel） | 欧洲鳗鲡 |
| 8 | *Anguilla australis*（short-finned eel） | 澳洲鳗鲡 |
| 9 | *Anguilla rostrata*（American eel） | 美洲鳗鲡 |
| 10 | *Colossoma brachypomum*（pirapitinga） | 淡水白鲳 |
| 11 | *Piaractus mesopotamicus*（pacu） | 细鳞肥脂鲤 |
| 12 | *Prochilodus scrofa*（streaked prochilod） | 巴西鲷 |
| 13 | *Pygocentrus nattereri*（red piranha） | 纳氏锯脂鲤 |
| 14 | *Piaractus brachypomus*（pirapitinga） | 短盖肥脂鲤 |
| 15 | *Alosa sapidissima*（American shad） | 美洲西鲱 |
| 16 | *Carassius auratus cuvieri*（Carassius Auratus cuvieri temminck at Schlegel） | 白鲫 |
| 17 | *Chalcalburnus chalcoides*（danube bleak） | 卡拉白鱼 |
| 18 | *Cirrhinus mrigala*（mrigal carp） | 麦瑞加拉鲮 |
| 19 | *Cyprinus carpio* var. mirror（scattered mirror carp） | 散鳞镜鲤 |
| 20 | *Cyprinus carpio* var. specularis（german mirror carp） | 德国镜鲤 |
| 21 | *Ictiobus cyprinellus*（bigmouth buffalo） | 大口牛胭脂鱼 |
| 22 | *Labeo rohita*（roho labeo） | 露斯塔野鲮 |
| 23 | *Tinca* tinca（tench） | 丁鱥 |
| 24 | *Hephaestus fuliginosus*（sooty grunter） | 淡水黑鲷 |
| 25 | *Lates calcarifer*（asian seabass） | 尖吻鲈 |
| 26 | *Lepomis auritus*（redbreast sunfish） | 红胸太阳鱼 |
| 27 | *Lepomis cyanellus*（green sunfish） | 绿太阳鱼 |
| 28 | *Lepomis macrochirus*（bluegill） | 蓝鳃太阳鱼 |
| 29 | *Lepomis megalotis*（longear sunfish） | 长耳太阳鱼 |
| 30 | *Pomoxis nigromaculatus*（black crappie） | 黑斑刺盖太阳鱼 |

续表

| 序号 | 拉丁文名（英文名） | 中文名 |
|:---:|:---:|:---:|
| 31 | *Sander lucioperca*（pike-perch） | 白梭吻鲈 |
| 32 | *Maccullochella peelii*（murray river cod） | 虫纹麦鳕鲈 |
| 33 | *Micropterus salmoides*（American black bass） | 大口黑鲈 |
| 34 | *Morone chrysops*♀× *M. saxatilis*♂（hybrid striped） | 杂交条纹鲈 |
| 35 | *Morone saxatilis*（striped bass） | 条纹狼鲈 |
| 36 | *Oreochromis andersonii*（three spotted tilapia） | 黄边口孵罗非鱼 |
| 37 | *Oreochromis aureus*（blue tilapia） | 奥利亚罗非鱼 |
| 38 | *Oreochromis mossambicus*（mozambique tilapia） | 莫桑比克罗非鱼 |
| 39 | *Oreochromis mossambicus*♂× *O. niloticus*♀（N/A） | 莫桑比克罗非鱼×尼罗罗非鱼 |
| 40 | *Oreochromis niloticus*（nile tilapia） | 尼罗罗非鱼 |
| 41 | *Oreochromis hornorum*（wami tilapia） | 荷那龙罗非鱼 |
| 42 | *Parachromis managuensis*（jaguar guapote） | 花身副丽鱼 |
| 43 | *Perca flavescens*（American yellow perch） | 美国黄金鲈 |
| 44 | *Sarotherodon galilaeus*（Tilapia galilaea） | 伽利略罗非鱼 |
| 45 | *Sciaenops ocellatus*（red drum） | 眼斑拟石首鱼 |
| 46 | *Scortum barcoo*（barcoo grunter） | 澳洲宝石鲈 |
| 47 | *Scophthalmus maximus*（turbot） | 大菱鲆 |
| 48 | *Oncorhynchus mykiss*（rainbow trout） | 虹鳟 |
| 49 | *Oncorhynchus aguabonita*（golden trout） | 阿瓜大麻哈鱼 |
| 50 | *Clarias batrachus*（Philippine catfish） | 胡鲇 |
| 51 | *Clarias gariepinus*（North African catfish） | 革胡子鲇 |
| 52 | *Clarias macrocephalus*（bighead catfish） | 斑点胡子鲇 |
| 53 | *Ictalurus furcatus*（blue catfish） | 蓝鲶 |
| 54 | *Ameiurus nebulosus*（brown catfish） | 云斑鮰 |
| 55 | *Ictalurus punctatus*（channel catfish） | 斑点叉尾鮰 |
| 56 | *Pangasius sutchi*（sutchi catfish） | 苏氏圆腹鱼芒 |
| 57 | *Silurus glanis*（sheatfish） | 欧鲇 |
| 58 | *Gambusia affinis*（mosquitofish） | 食蚊鱼 |
| 59 | *Atractosteus spatula*（alligator gar） | 鳄雀鳝 |

# 2.2 密西西比河

## 2.2.1 气候

### 1. 气温

密西西比河流域年平均气温呈现出西北部低、东南部高的区域分布。1981 年，密西西比河流域年平均气温范围为-2～21℃（图 2-39）。2020 年，密西西比河流域年平均气温范围为-3～22℃（图 2-40）。与 1981 年相比，最低年平均气温降低了 1℃，最高年平均气温升高了 1℃。

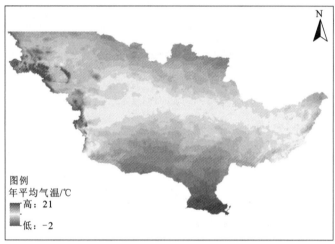

图 2-39　1981 年密西西比河流域年平均气温

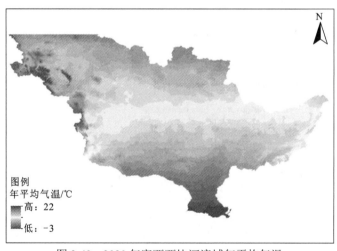

图 2-40　2020 年密西西比河流域年平均气温

## 2. 降水

密西西比河流域年平均降水量呈现西北部低、东南部高的区域格局。1981 年，密西西比河流域年平均降水量范围为 148～2 416 mm（图 2-41）。2020 年，密西西比河流域年平均降水量范围为 82～2 972 mm（图 2-42）。与 1981 年相比，最低平均降水量降低了 66 mm，最高平均降水量增加了 556 mm。

图 2-41　1981 年密西西比河流域年平均降水量

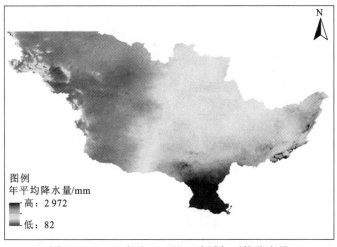

图 2-42　2020 年密西西比河流域年平均降水量

## 2.2.2　物理

美国地质勘探局（United States Geological Survey，USGS）在密西西比河干流选择了 7 个监测断面进行水文和水质监测，其中包括明尼苏达州的黑斯廷斯（Hastings）、艾奥瓦州（State of Iowa）的克林顿（Clinton）、伊利诺伊州（State of Illinois）的格拉夫顿（Grafton）、伊利诺伊州的底比斯（Thebes）、密西西比州的维克斯堡（Vicksburg）、路易斯安那州的圣弗朗西斯维尔（Saint Francisville）、路易斯安那州的贝尔沙斯（Belle Chasse）。其中黑斯廷斯、克林顿、格拉夫顿属于上游水文和水质监测断面；底比斯、维克斯堡和圣弗朗西斯维尔属于下游水文和水质监测断面（图 2-43）。本书对比分析了 20 世纪 60 年代～21 世纪 10 年代密西西比河上游和中下游干流水文与水质状况。

图 2-43　密西西比河干流水文和水质监测断面

## 1. 水体流量

密西西比河中下游干流年径流量远远高于上游干流（图 2-44）。20 世纪 60 年代～21 世纪 10 年代，上游干流年均径流量为 690 亿 m³/s；中下游干流年均径流量为 3 752 亿 m³/s，且中下游干流的年径流量逐年增加，从 20 世纪 60 年代的 2 529 亿 m³/s 增加到 21 世纪 10 年代的 4 836 亿 m³/s（图 2-44）。维克斯堡、圣弗朗西斯维尔和贝尔沙斯监测断面的年径流量高于其他监测断面的年径流量（图 2-45）。

## 2. 悬浮沉积物

密西西比河上游干流水质的悬浮沉积物浓度（suspended sediment concentration，SSC）低于中下游（图 2-46）。20 世纪 90 年代～21 世纪 10 年代，上游干流悬浮沉积物

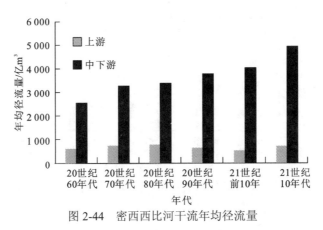

图 2-44　密西西比河干流年均径流量

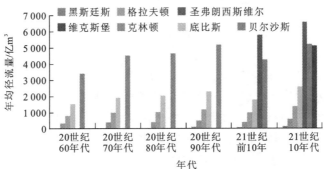

图 2-45　密西西比河干流各监测断面年均径流量

浓度均值为 94 mg/L；中下游干流悬浮沉积物浓度均值为 204 mg/L。20 世纪 90 年代～21 世纪 10 年代，上游和中下游干流的悬浮沉积物浓度均呈下降趋势，其中上游从 110 mg/L 下降到 92 mg/L，中下游从 223 mg/L 下降到 187 mg/L（图 2-46）。底比斯监测断面的悬浮沉积物浓度高于其他监测断面，20 世纪 70 年代～21 世纪 10 年代，其悬浮沉积物浓度逐年下降（图 2-47）。

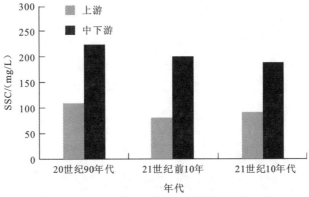

图 2-46　密西西比河干流水体悬浮沉积物浓度

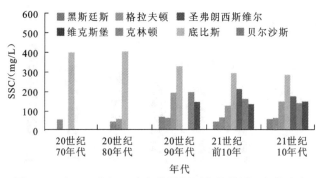

图 2-47 密西西比河干流各监测断面水体悬浮沉积物浓度

## 2.2.3 化学

### 1. 总氮

密西西比河上游干流水体的总氮含量高于中下游（图 2-48），两个江段均超过 2 mg/L。20 世纪 70 年代～21 世纪 10 年代，上游干流总氮含量均值为 3.4 mg/L；中下游干流总氮含量均值为 2.6 mg/L，且上游干流的总氮含量呈增加趋势，从 20 世纪 70 年代的 3.22 mg/L 增加到 21 世纪 10 年代的 3.72 mg/L（图 2-48）。20 世纪 70 年代至 21 世纪 10 年代，下游监测断面的总氮含量较为稳定（图 2-49）。

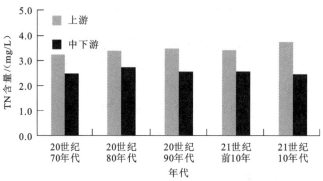

图 2-48 密西西比河干流水体总氮含量

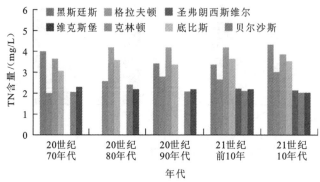

图 2-49 密西西比河干流各监测断面水体总氮含量

## 2. 总磷

密西西比河上游干流水体的总磷含量低于中下游（图 2-50）。20 世纪 70 年代～21 世纪 10 年代，上游的总磷含量从 0.24 mg/L 降低到 0.18 mg/L，中下游的总磷含量从 0.27 mg/L 增加到 0.28 mg/L。其中 20 世纪 80 年代～21 世纪前 10 年：上游总磷含量从 0.19 mg/L 增加到 0.21 mg/L；中下游从 0.22 mg/L 增加到 0.28 mg/L（图 2-50）。但到 21 世纪 10 年代，上游总磷含量下降为 0.18 mg/L（图 2-50）。底比斯的总磷含量明显高于其他监测断面，且从 20 世纪 80 年代到 21 世纪 10 年代，总磷含量逐年增加（图 2-51）。

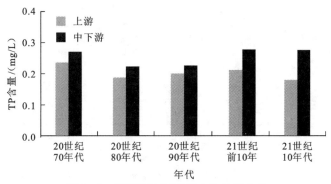

图 2-50　密西西比河干流水体总磷含量

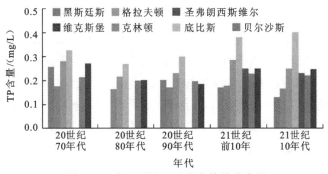

图 2-51　密西西比河干流水体总磷含量

## 3. 氨氮

密西西比河上游干流水体的氨氮含量低于中下游（图 2-52）。20 世纪 70 年代～21 世纪 10 年代上游干流氨氮含量均值为 0.17 mg/L；中下游干流氨氮含量均值为 0.06 mg/L。20 世纪 70 年代～21 世纪前 10 年，上游和中下游干流的氨氮含量均呈下降趋势，其中上游从 0.37 mg/L 下降到 0.10 mg/L，中下游从 0.11 mg/L 下降到 0.03 mg/L（图 2-52）。黑斯廷斯监测断面的氨氮含量明显高于其他监测断面，但 20 世纪 70 年代～21 世纪 10 年代，氨氮含量呈下降趋势（图 2-53）。

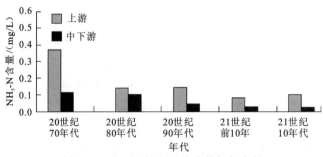

图 2-52　密西西比河干流水体氨氮含量

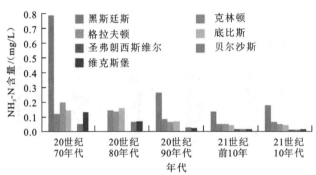

图 2-53　密西西比河干流各监测断面水体氨氮含量

## 4. 溶解有机碳

密西西比河上游干流水体的溶解有机碳（dissolved organic carbon，DOC）含量高于中下游（图 2-54）。20 世纪 70 年代至 21 世纪 10 年代，上游干流溶解有机碳含量均值为 8.9 mg/L；中下游干流溶解有机碳含量均值为 5.0 mg/L。上游和中下游干流的溶解有机碳含量均呈下降趋势，其中上游从 12.3 mg/L 下降到 6.8 mg/L，中下游从 5.6 mg/L 下降到 4.0 mg/L（图 2-54）。各监测断面在 20 世纪 80 年代～20 世纪 90 年代的溶解有机碳含量下降得比较大。（图 2-55）。

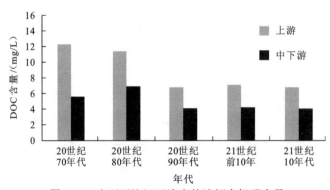

图 2-54　密西西比河干流水体溶解有机碳含量

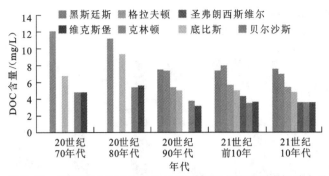

图 2-55　密西西比河干流水体各监测断面水体溶解有机碳含量

## 5. 正磷酸盐

密西西比河上游干流水体的正磷酸盐（orthophosphate，$PO_4^{3-}$）含量低于中下游（图 2-56）。20 世纪 80 年代～21 世纪 10 年代，上游干流和中下游干流正磷酸盐含量为 0.07～0.09 mg/L，均值均为 0.08 mg/L（图 2-56、图 2-57）。

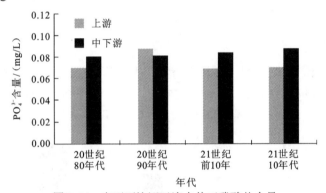

图 2-56　密西西比河干流水体正磷酸盐含量

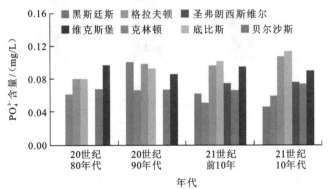

图 2-57　密西西比河干流水体各监测断面正磷酸盐含量

## 6. 微塑料

密西西比河干流微塑料（> 30 μm）浓度均值在 24～103 个/L，洪水期过后的浓度高于洪水期间的浓度（图 2-58）。

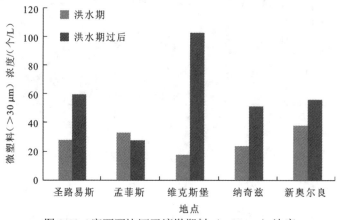

图 2-58　密西西比河干流微塑料（> 30 μm）浓度

### 2.2.4　鱼类

#### 1）种类组成

密西西比河干流共计 31 科 181 种土著种鱼类，其中源区［从明尼苏达州艾塔斯卡湖到安东尼瀑布（Anthony Falls）水坝］有 59 种，上游（1～26 号船闸和水坝池）有 118 种，中下游（密苏里河河口到墨西哥湾）有 153 种（图 2-59）。

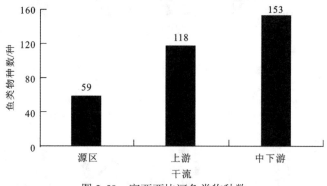

图 2-59　密西西比河鱼类物种数

#### 2）丰度

密西西比河上游恢复计划是在世界范围内对大型河流系统进行生态系统恢复、科学研究和监测的第一个综合性计划。研究和监测工作是通过长期资源监测项目进行的，而恢复工作则是通过生境恢复及改善计划项目完成的。密西西比河上游恢复计划最早是在 1986 年的 Water Resources Development Act（《水资源开发法案》）第 1103 条中获得授权的。密西西比河上游恢复计划为推动美国国会关于密西西比河上游系统（the Upper

Mississppi River System，UMRS）成为"全国重要的生态系统和全国重要的商业导航系统"的愿景作出了重大贡献，但仍有许多信息需求。

密西西比河流域鱼类具有休闲娱乐和商业价值，具有保护潜力，可用于评价水生生态系统的生态完整性。密西西比河上游恢复计划中的长期资源监测项目使用多设备和多栖息地采样设计，在 6 个研究池/河段收集鱼类数据。调查结果可用于解决渔业管理方面的问题。6 个研究池/河段中有 4 个位于密西西比河上游干流，1 个位于密西西比河中下游干流，1 个位于支流伊利诺伊河（Illinois River）。本节对比分析了密西西比河上游和中下游干流的水生生物资源状况（表 2-3）。

表 2-3　密西西比河六大生物监测区域

| 河段 | 监测区域 | 研究池/河段 | 监测起始年份 | 监测结束年份 |
| --- | --- | --- | --- | --- |
| 密西西比河上游干流 | 莱克城，明尼苏达州 | 4 号池 | 1993 | 2019 |
| 密西西比河上游干流 | 奥纳拉斯卡，威斯康星州 | 8 号池 | 1993 | 2019 |
| 密西西比河上游干流 | 贝尔维尤，艾奥瓦州 | 13 号池 | 1993 | 2019 |
| 密西西比河上游干流 | 布莱顿，伊利诺伊州 | 26 号池 | 1993 | 2019 |
| 密西西比河中下游干流 | 杰克逊，密苏里州 | 自由流淌江段 | 1993 | 2019 |
| 伊利诺伊河 | 哈瓦那，伊利诺伊州 | 拉格兰奇水池 | 1993 | 2019 |

整体上，密西西比河上游干流鱼类丰度显著高于中下游（图 2-60）。其中，密西西比河上游干流鱼类丰度（年捕捞量）呈增加趋势，从 20 世纪 90 年代的 19 117 尾/a 增加到 21 世纪 10 年代的 22 532 尾/a；而中下游干流鱼类丰度呈递减趋势，从 20 世纪 90 年代的 10 910 尾/a 减少到 21 世纪 10 年代的 6 286 尾/a（图 2-60）。

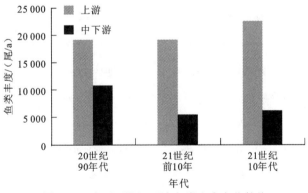

图 2-60　密西西比河干流鱼类丰度变化趋势

### 3）主要外来种鱼类

据 USGS 统计，密西西比河上游流域共 115 种外来种鱼类，下游流域共 79 种外来种鱼类（表 2-4）。其中，亚洲鲤科鱼类，如青鱼、草鱼、鲢和鳙入侵问题最为严重。

表2-4 密西西比河外来种鱼类

| 序号 | 科 | 拉丁文名 | 英文名 | 中文名 | 范围 |
|---|---|---|---|---|---|
| 1 | Amblyopsidae | *Forbesichthys agassizii* | springcavefish | 阿氏穴跳鳉 | 上游 |
| 2 | Amiidae | *Amia calva* | bowfin | 弓鳍鱼 | 上游 |
| 3 | Aphredoderidae | *Aphredoderus sayanus* | pirate perch | 胸肛鱼 | 上游 |
| 4 | Atherinopsidae | *Labidesthes sicculus* | brook silverside | 溪银汉鱼 | 上游 |
| 5 | Catostomidae | *Erimyzon sucetta* | lake chubsucker | 北美吸口鱼 | 上游 |
| 6 | Catostomidae | *Hypentelium nigricans* | northern hog sucker | 北方黑猪鱼 | 上游 |
| 7 | Catostomidae | *Ictiobus bubalus* | smallmouth buffalo | 小口牛胭脂鱼 | 上游 |
| 8 | Catostomidae | *Ictiobus niger* | black buffalo | 黑牛胭脂鱼 | 上游 |
| 9 | Catostomidae | *Minytrema melanops* | spotted sucker | 小孔亚口鱼 | 上游 |
| 10 | Centrarchidae | *Lepomis cyanellus* | green sunfish | 绿太阳鱼 | 上游 |
| 11 | Centrarchidae | *Lepomis gulosus* | warmouth | 红眼突鳃太阳鱼 | 上游 |
| 12 | Centrarchidae | *Lepomis humilis* | orangespotted sunfish | 橙点太阳鱼 | 上游 |
| 13 | Centrarchidae | *Lepomis macrochirus* | bluegill | 蓝鳃太阳鱼 | 上游 |
| 14 | Centrarchidae | *Lepomis macrochirus × cyanellus* | — | 蓝鳃太阳鱼与绿太阳鱼杂交种 | 上游 |
| 15 | Centrarchidae | *Lepomis megalotis* | longear sunfish | 长耳太阳鱼 | 上游 |
| 16 | Centrarchidae | *Lepomis microlophus* | redear sunfish | 小冠太阳鱼 | 上游 |
| 17 | Centrarchidae | *Micropterus punctulatus* | spotted bass | 斑点黑鲈 | 上游 |
| 18 | Centrarchidae | *Micropterus salmoides* | largemouth bass | 大口黑鲈 | 上游 |
| 19 | Centrarchidae | *Pomoxis annularis* | white crappie | 刺盖太阳鱼 | 上游 |
| 20 | Characidae | *Pygocentrus or Serrasalmus* sp. | unidentified piranha | 未定种 | 上游 |
| 21 | Cichlidae | *Amphilophus citrinellus* | midas cichlid | 橙色双冠丽鱼 | 上游 |
| 22 | Cichlidae | *Oreochromis mossambicus* | mozambique tilapia | 莫桑比克罗非鱼 | 上游 |
| 23 | Cichlidae | *Tilapia* sp. | unidentified tilapia | 未定种 | 上游 |
| 24 | Clupeidae | *Alosa pseudoharengus* | alewife | 灰西鲱 | 上游 |
| 25 | Clupeidae | *Dorosoma cepedianum* | gizzard shad | 美洲真鲥 | 上游 |
| 26 | Cyprinidae | *Carassius auratus × Cyprinus carpio* | goldfish × common carp | 鲫×鲤 | 上游 |
| 27 | Cyprinidae | *Carassius carassius* | crucian carp | 黑鲫 | 上游 |

续表

| 序号 | 科 | 拉丁文名 | 英文名 | 中文名 | 范围 |
|---|---|---|---|---|---|
| 28 | Cyprinidae | *Hypophthalmichthys molitrix × nobilis* | silver carp × bighead carp | 鲢 × 鳙 | 上游 |
| 29 | Cyprinidae | *Hypophthalmichthys* sp. | bigheaded carps | 鲢 × 鳙 | 上游 |
| 30 | Cyprinidae | *Macrhybopsis meeki* | sicklefin chub | 镰鳍大鉤鱥 | 上游 |
| 31 | Cyprinidae | *Notropis nubilus* | ozark minnow | 云纹美洲鱥 | 上游 |
| 32 | Cyprinidae | *Pimephales vigilax* | bullhead minnow | 凝胖头鱥 | 上游 |
| 33 | Esocidae | *Esox americanus vermiculatus* | grass pickerel | 虫纹狗鱼 | 上游 |
| 34 | Esocidae | *Esox niger* | chain pickerel | 暗色狗鱼 | 上游 |
| 35 | Gasterosteidae | *Gasterosteus aculeatus* | threespine stickleback | 三刺鱼 | 上游 |
| 36 | Gasterosteidae | *Pungitius pungitius* | ninespine stickleback | 九棘刺鱼 | 上游 |
| 37 | Gobiidae | *Neogobius melanostomus* | round goby | 黑口新虾虎鱼 | 上游 |
| 38 | Ictaluridae | *Ictalurus furcatus* | blue catfish | 蓝鲶 | 上游 |
| 39 | Ictaluridae | *Ictalurus punctatus* | channel catfish | 斑点叉尾鮰 | 上游 |
| 40 | Loricariidae | *Pterygoplichthys* sp. | sailfin armored catfish | 未定种 | 上游 |
| 41 | Melanotaeniidae | *Melanotaenia nigrans* | black-banded rainbowfish | 黑带虹银汉鱼 | 上游 |
| 42 | Mochokidae | *Synodontis ocellifer* | ocellated synodontis | 眼斑歧鬚鮠 | 上游 |
| 43 | Moronidae | *Morone Americana × mississippiensis* | white perch × yellow bass | 美洲狼鲈 × 密西西比狼鲈 | 上游 |
| 44 | Moronidae | *Morone chrysops × mississippiensis* | white bass × yellow bass | 金眼石鮨 × 密西西比狼鲈 | 上游 |
| 45 | Notopteridae | *Chitala ornata* | clown knifefish | 饰妆铠甲弓背鱼 | 上游 |
| 46 | Osteoglossidae | *Osteoglossum bicirrhosum* | silver arowana | 双须骨舌鱼 | 上游 |
| 47 | Pangasiidae | *Pangasianodon hypophthalmus* | iridescent shark | 淡水鲨鱼 | 上游 |
| 48 | Percidae | *Percina maculata* | blackside darter | 黑斑小鲈 | 上游 |
| 49 | Percidae | *Sander canadensis × vitreus* | saugeye | 杂交梭鲈 | 上游 |
| 50 | Petromyzontidae | *Petromyzon marinus* | sea lamprey | 海七鳃鳗 | 上游 |
| 51 | Pimelodidae | *Phractocephalus hemiliopterus × Pseudoplatystoma* sp. | pimelodid hybrid catfish | 红尾鮕 × 未定种 | 上游 |
| 52 | Pimelodidae | *Phractocephalus hemioliopterus* | redtail catfish | 红尾护头鲿 | 上游 |
| 53 | Poeciliidae | *Gambusia affinis* | western mosquitofish | 食蚊鱼 | 上游 |
| 54 | Poeciliidae | *Poecilia reticulata* | guppy | 孔雀花鳉 | 上游 |
| 55 | Polyodontidae | *Polyodon spathula* | paddlefish | 长吻鲟 | 上游 |
| 56 | Salmonidae | *Coregonus artedi* | cisco | 湖白鲑 | 上游 |

| 序号 | 科 | 拉丁文名 | 英文名 | 中文名 | 范围 |
|---|---|---|---|---|---|
| 57 | Salmonidae | *Coregonus clupeaformis* | lake whitefish | 鲱形白鲑 | 上游 |
| 58 | Salmonidae | *Oncorhynchus kisutch* | coho salmon | 银大麻哈鱼 | 上游 |
| 59 | Salmonidae | *Oncorhynchus mykiss irideus* | coastal rainbow trout | 虹鳟 | 上游 |
| 60 | Salmonidae | *Salmo letnica* | ohrid trout | 野鳟 | 上游 |
| 61 | Salmonidae | *Salmo salar* | Atlantic salmon | 大西洋鲑 | 上游 |
| 62 | Salmonidae | *Salmo trutta × Salvelinus fontinalis* | tiger trout | 褐鳟×美洲红点鲑 | 上游 |
| 63 | Salmonidae | *Salvelinus fontinalis × namaycush* | splake | 美洲红点鲑×湖红点鲑 | 上游 |
| 64 | Salmonidae | *Salvelinus namaycush* | lake trout | 湖红点鲑 | 上游 |
| 65 | Salmonidae | *Thymallus arcticus* | arctic grayling | 北极茴鱼 | 上游 |
| 66 | Sciaenidae | *Aplodinotus grunniens* | freshwater drum | 淡水石首鱼 | 上游 |
| 67 | Umbridae | *Umbra limi* | central mudminnow | 林氏荫鱼 | 上游 |
| 68 | Catostomidae | *Carpiodes carpio* | river carpsucker | 鲤亚口鱼 | 下游 |
| 69 | Catostomidae | *Carpiodes cyprinus* | quillback | 似鲤亚口鱼 | 下游 |
| 70 | Catostomidae | *Catostomus commersonii* | white sucker | 白亚口鱼 | 下游 |
| 71 | Catostomidae | *Hypentelium etowanum* | Alabamahog sucker | 亚拉巴马黑猪鱼 | 下游 |
| 72 | Centrarchidae | *Enneacanthus gloriosus* | bluespotted sunfish | 蓝点九棘日鲈 | 下游 |
| 73 | Centrarchidae | *Lepomis auritus* | redbreast sunfish | 绿太阳鱼 | 下游 |
| 74 | Centrarchidae | *Micropterus dolomieu* | smallmouth bass | 小口黑鲈 | 下游 |
| 75 | Channidae | *Channa argus* | northern snakehead | 乌鳢 | 下游 |
| 76 | Characidae | *Astyanax mexicanus* | Mexican tetra | 墨西哥脂鲤 | 下游 |
| 77 | Characidae | *Gymnocorymbus ternetzi* | black tetra | 裸顶脂鲤 | 下游 |
| 78 | Cichlidae | *Archocentrus nigrofasciatus* | convict cichlid | 黑带娇丽鱼 | 下游 |
| 79 | Cichlidae | *Herichthys carpintis* | lowland cichlid | 匠丽体鱼 | 下游 |
| 80 | Cichlidae | *Oreochromis aureus* | blue tilapia | 奥利亚罗非鱼 | 下游 |
| 81 | Cichlidae | *Parachromis managuensis* | jaguar guapote | 花身副丽鱼 | 下游 |
| 82 | Cyprinidae | *Notropis buccatus* | silverjaw minnow | 颊美洲鱥 | 下游 |
| 83 | Cyprinidae | *Notropis potteri* | chub shiner | 波氏美洲鱥 | 下游 |
| 84 | Cyprinidae | *Pethia conchonius* | rosy barb | 玫瑰佩西鲃 | 下游 |
| 85 | Cyprinidae | *Pimephales promelas* | fathead minnow | 胖头鱥 | 下游 |
| 86 | Fundulidae | *Fundulus chrysotus* | golden topminnow | 金色底鳉 | 下游 |

续表

| 序号 | 科 | 拉丁文名 | 英文名 | 中文名 | 范围 |
| --- | --- | --- | --- | --- | --- |
| 87 | Ictaluridae | *Ameiurus nebulosus* | brown bullhead | 云斑鮰 | 下游 |
| 88 | Osphronemidae | *Macropodus opercularis* | paradise fish | 叉尾斗鱼 | 下游 |
| 89 | Osteoglossidae | *Arapaima* sp. | arapaima | — | 下游 |
| 90 | Percichthyidae | *Maccullochella peelii* | murray cod | 虫纹麦鳕鲈 | 下游 |
| 91 | Percidae | *Percina macrolepida* | bigscale logperch | 大鳞小鲈 | 下游 |
| 92 | Percidae | *Sander vitreus* | walleye | 大眼狮鲈 | 下游 |
| 93 | Pimelodidae | *Pseudoplatystoma punctifer* | spotted tiger shovelnose catfish | 普氏鸭嘴鲇 | 下游 |
| 94 | Poeciliidae | *Gambusia holbrooki* | eastern mosquitofish | 东部食蚊鱼 | 下游 |
| 95 | Poeciliidae | *Xiphophorus hellerii* | green swordtail | 剑尾鱼 | 下游 |
| 96 | Poeciliidae | *Xiphophorus maculatus* | southern platyfish | 花斑剑尾鱼 | 下游 |
| 97 | Salmonidae | *Oncorhynchus clarkii* | cutthroat trout | 克拉克大麻哈鱼 | 下游 |
| 98 | Synbranchidae | *Monopterus cuchia* | cuchia | 山黄鳝 | 下游 |
| 99 | Tetraodontidae | *Tetraodon nigroviridis* | spotted green pufferfish | 绿河鲀 | 下游 |
| 100 | Clupeidae | *Alosa chrysochloris* | skipjack herring | 墨西哥湾西鲱 | 共有 |
| 101 | Clupeidae | *Alosa sapidissima* | American shad | 美洲鲥 | 共有 |
| 102 | Centrarchidae | *Ambloplites rupestris* | rock bass | 岩钝鲈 | 共有 |
| 103 | Ictaluridae | *Ameiurus catus* | white catfish | 犀目鮰 | 共有 |
| 104 | Cichlidae | *Astronotus ocellatus* | oscar | 图丽鱼 | 共有 |
| 105 | Cyprinidae | *Carassius auratus* | goldfish | 鲫 | 共有 |
| 106 | Channidae | *Channa micropeltes* | giant snakehead | 小盾鳢 | 共有 |
| 107 | Characidae | *Colossoma or Piaractus* sp. | unidentified pacu | 未定种 | 共有 |
| 108 | Cyprinidae | *Ctenopharyngodon idella* | grass carp | 草鱼 | 共有 |
| 109 | Cyprinidae | *Ctenopharyngodon idella* | grass carp（diploid） | 草鱼（二倍体） | 共有 |
| 110 | Cyprinidae | *Ctenopharyngodon idella* | grass carp（triploid） | 草鱼（三倍体） | 共有 |
| 111 | Cyprinidae | *Cyprinella lutrensis* | red shiner | 卢伦真小鲤 | 共有 |
| 112 | Cyprinidae | *Cyprinus carpio* | common carp | 鲤 | 共有 |
| 113 | Cyprinidae | *Cyprinus rubrofuscus* | koi | 华南鲤 | 共有 |
| 114 | Clupeidae | *Dorosoma petenense* | threadfin shad | 佩坦真鲦 | 共有 |
| 115 | Esocidae | *Esox lucius* | northern pike | 白斑狗鱼 | 共有 |
| 116 | Esocidae | *Esox lucius × masquinongy* | tiger muskellunge | 白斑狗鱼×北美狗鱼 | 共有 |
| 117 | Esocidae | *Esox masquinongy* | muskellunge | 北美狗鱼 | 共有 |
| 118 | Fundulidae | *Fundulus catenatus* | northern studfish | 北方底鳉 | 共有 |

续表

| 序号 | 科 | 拉丁文名 | 英文名 | 中文名 | 范围 |
|---|---|---|---|---|---|
| 119 | Cichlidae | *Herichthys cyanoguttatus* | rio grande cichlid | 青斑德州丽鱼 | 共有 |
| 120 | Hiodontidae | *Hiodon tergisus* | mooneye | 背甲月眼鱼 | 共有 |
| 121 | Cyprinidae | *Hypophthalmichthys molitrix* | silver carp | 鲢 | 共有 |
| 122 | Cyprinidae | *Hypophthalmichthys nobilis* | bighead carp | 鳙 | 共有 |
| 123 | Centrarchidae | *Lepomis gibbosus* | pumpkinseed | 驼背太阳鱼 | 共有 |
| 124 | Atherinopsidae | *Menidia beryllina* | inland silverside | 美洲原银汉鱼 | 共有 |
| 125 | Cobitidae | *Misgurnus anguillicaudatus* | pond loach | 泥鳅 | 共有 |
| 126 | Moronidae | *Morone americana* | white perch | 美洲狼鲈 | 共有 |
| 127 | Moronidae | *Morone chrysops* | white bass | 金眼石鮨 | 共有 |
| 128 | Moronidae | *Morone chrysops* × *saxatilis* | wiper | 杂交条纹鲈 | 共有 |
| 129 | Moronidae | *Morone mississippiensis* | yellow bass | 密西西比狼鲈 | 共有 |
| 130 | Moronidae | *Morone saxatilis* | striped bass | 条纹鲈 | 共有 |
| 131 | Cyprinidae | *Mylopharyngodon piceus* | black carp | 青鱼 | 共有 |
| 132 | Cyprinidae | *Mylopharyngodon piceus* | black carp（diploid） | 青鱼（二倍体） | 共有 |
| 133 | Cyprinidae | *Mylopharyngodon piceus* | black carp（triploid） | 青鱼（三倍体） | 共有 |
| 134 | Salmonidae | *Oncorhynchus mykiss* | rainbow trout | 虹鳟 | 共有 |
| 135 | Salmonidae | *Oncorhynchus tshawytscha* | chinook salmon | 大鳞大麻哈鱼 | 共有 |
| 136 | Cichlidae | *Oreochromis niloticus* | nile tilapia | 尼罗罗非鱼 | 共有 |
| 137 | Cichlidae | *Oreochromis* sp. | tilapia | — | 共有 |
| 138 | Osmeridae | *Osmerus mordax* | rainbow smelt | 美洲胡瓜鱼 | 共有 |
| 139 | Percidae | *Perca flavescens* | yellow perch | 黄金鲈 | 共有 |
| 140 | Characidae | *Piaractus brachypomus* | pirapitinga | 短盖巨脂鲤 | 共有 |
| 141 | Characidae | *Pygocentrus nattereri* | red piranha | 纳氏锯脂鲤 | 共有 |
| 142 | Ictaluridae | *Pylodictis olivaris* | flathead catfish | 铲鮰 | 共有 |
| 143 | Salmonidae | *Salmo trutta* | brown trout | 褐鳟 | 共有 |
| 144 | Salmonidae | *Salvelinus fontinalis* | brook trout | 美洲红点鲑 | 共有 |
| 145 | Percidae | *Sander canadensis* | sauger | 加拿大梭吻鲈 | 共有 |
| 146 | Cyprinidae | *Scardinius erythrophthalmus* | rudd | 赤眼鳟 | 共有 |
| 147 | Cyprinidae | *Tinca tinca* | tench | 丁鱥 | 共有 |

注："×"表示杂交

（1）青鱼。青鱼原产于中国珠江流域以北到中国黑龙江流域和俄罗斯远东地区的东亚大部分地区及越南北部的红河（Nico et al.，2005）。该物种于 20 世纪 70 年代初作为进口草鱼鱼群中的"污染物"首次被引入美国。在此期间，青鱼作为生物防治剂以控制水产养殖池塘中的黄蛴蟛（*Clinostomum margaritum*）（Nico et al.，2005）。青鱼被引入开阔水域的第一个已知纪录发生在 1994 年的密苏里州，据报道，当时高水位淹没了欧扎克斯湖（Lake of Ozarks）附近的水产养殖场孵化池设施，30 多条青鱼和数千条鲟从中逃脱进入密苏里河流域的欧塞奇河（Osage River）。发生逃脱的密苏里州孵化设施的所有者否认青鱼曾从他们的设施中逃脱（Nico et al.，2005）。

（2）草鱼。草鱼原产于俄罗斯东部及中国的黑龙江以南的大型水系。该物种于 1963 年首次被引入到美国阿拉巴马州（Alabama）和阿肯色州斯图加特（Stuttgart）的水产养殖设施中。为了控制水生植物的生长，阿肯色州和亚拉巴马州（State of Alabama）开始在池塘和湖泊里放养草鱼。1971 年，人们首次在野外（伊利诺伊州南部的密西西比河上游）发现草鱼，到 1976 年，草鱼广泛分布于密苏里河和密西西比河上游（Pflieger，1997）。由于放养草鱼是一种非化学控制水生植物的方法，所以美国开始大面积的放养草鱼。

长期资源监测项目的监测数据表明：密西西比河上游监测断面的草鱼数量远远高于中下游（图 2-61）。1993～2019 年，密西西比河上游共统计到 634 尾草鱼，中下游共统计到 318 尾草鱼。此外，20 世纪 90 年代～21 世纪 10 年代，密西西比河的草鱼数量的平均值持续增加，上游监测断面草鱼数量从 10 尾增加到 43 尾，中下游监测断面草鱼数量从 1 尾增加到 25 尾（图 2-61）。

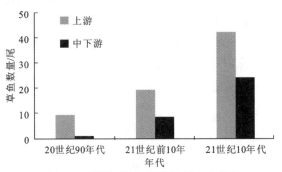

图 2-61  密西西比河草鱼数量变化趋势

（3）鲢。鲢原产于南亚、中国东部和西伯利亚的大型湖泊及河流，属于江湖洄游鱼类。1973 年，美国阿肯色州开始养殖鲢。随后，鲢从阿肯色州洛诺克县（Lonoke County）中部的水产养殖设施中逃脱出来，并逐渐扩散到阿肯色州的河流和小溪。自然繁殖和养殖逃脱使鲢向密西西比河下游不断扩散，并随后扩散到密西西比河上游流域。早在 1983 年，人们就在密西西比河上游流域发现了鲢。目前，鲢在密西西比河流域迅速扩散。伊利诺伊州罗密欧维尔（Romeoville）的电子驱散屏障系统最初是为了限制黑口新虾虎鱼的扩散，然而现在被用来缓解鲟和鲢向五大湖（Great Lakes）流域的扩散趋势。

长期资源监测项目的监测数据表明：密西西比河上游监测断面的鲢数量远远高于中下游（图 2-62）。1993～2019 年，上游共统计到 21 789 尾鲢，中下游共统计到 6 176 尾鲢。此外，20 世纪 90 年代～21 世纪 10 年代，两江段的鲢数量的平均值持续增加，上游从 2 尾/监测断面增加到 1 732 尾/监测断面，中下游从 2 尾/监测断面增加到 609 尾/监测断面（图 2-62）。

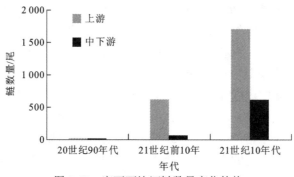

图 2-62　密西西比河鲢数量变化趋势

（4）鳙。鳙原产于亚洲东部的大型湖泊和河流，从中国的珠江华南地区一直分布到黄河北部地区，属于江湖洄游鱼类。20 世纪 70 年代初，阿肯色州开始养殖鳙。随后，鳙从美国南部的水产养殖设施中逃脱出来，并在河流和小溪中建立种群。1981 年，人们首次在野外（俄亥俄河）发现鳙。1986 年，人们也在伊利诺伊河中游和密西西比河上游发现鳙。大量的自然繁殖和养殖逃脱使鳙不断扩散，并在密西西比河流域不断扩大种群分布范围。

长期资源监测项目的监测数据表明：密西西比河上游监测断面的鳙数量远远高于中下游（图 2-63）。1993～2019 年，上游共统计到 614 尾鳙，中下游共统计到 121 尾鳙。20 世纪 90 年代～21 世纪 10 年代，上游的鳙数量从 5 尾/监测断面增加到 21 尾/监测断面，中下游的鳙数量则从 8 尾/监测断面减少到 2 尾/监测断面（图 2-63）。

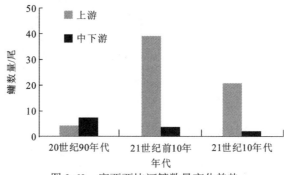

图 2-63　密西西比河鳙数量变化趋势

（5）鲤。鲤原产于亚洲，但其历史分布范围目前仍存在争议。一些人认为鲤原产于欧洲部分地区，如波罗的海（Baltic Sea）和里海（Caspian Sea）地区，而另一些人则认为鲤是在中世纪或更早的时期被引入欧洲的。据报道，鲤在美国已经广泛分布近一个世纪。1831 年，鲤被引入美国纽约（New York）。19 世纪 40 年代，鲤被引入康涅狄格州（State of Connecticut）。1872 年，鲤被引入加利福尼亚州（State of California）。1877 年，美国鱼类委员会引入 345 尾鲤，并在华盛顿哥伦比亚特区（Washington D.C.）的池塘中进行养殖。到 1883 年，养殖的鲤逃脱到密西西比河。1885 年，密西西比河的主要支流卡斯卡斯基亚河（Kaskaskia River）开始增殖放流鲤。1894 年，密西西比河上游流域商业捕捞了 205.5 t 鲤。

长期资源监测项目的监测数据表明：密西西比河上游监测断面的鲤数量高于中下游（图 2-64）。1993～2019 年，密西西比河上游共统计到 19 567 尾鲤，中下游共统计到 10 821 尾鲤。此外，20 世纪 90 年代～21 世纪 10 年代，密西西比河上游的鲤数量从 706 尾/监测断面增加到 947 尾/监测断面，但中下游的鲤数量从 632 尾/监测断面下降到 255 尾/监测断面（图 2-64）。

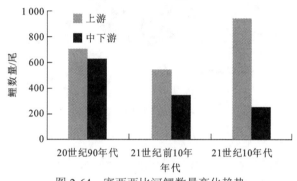

图 2-64　密西西比河鲤数量变化趋势

### 4）珍稀鱼类

（1）匙吻鲟。匙吻鲟是世界上仅有的两种白鲟之一，也是北美唯一的白鲟种，另一种白鲟则分布于中国。匙吻鲟是一种古老的鱼类。这种长相奇特的鱼类活化石可以追溯到 4 亿年前，这意味着匙吻鲟生活在恐龙之前。匙吻鲟除了颌骨以外的骨骼都是由软骨组成的。幼年的匙吻鲟长得很快，大约每周长 2.5 cm。匙吻鲟最大可以长到 2.5 m，重 136 kg。它们是北美最大的淡水鱼之一，寿命长达 55 岁。匙吻鲟有一个长长的像桨一样的鼻子，可超过整个身体长度的 1/3。匙吻鲟主要以浮游动物为食。它们的眼睛很小，没有发育完全，但它们的腹部布满了感受器，帮助它们探测成群的浮游动物。由于匙吻鲟没有牙齿，所以它们不会被鱼钩钩住。相反，它们会被一个大的三齿钩"卡住"。匙吻鲟能在河流中游较长距离，可达 3 219 km，例如，在俄克拉何马州（State of Oklahoma）被标记的成年匙吻鲟可以被人们在田纳西州捕获。2022 年，匙吻鲟被 IUCN 列为"渐危"（vulnerable，VU）。

匙吻鲟是淡水鱼，但也可以在咸水中生存。匙吻鲟喜居在大河中深水（大于 6 m）、浑水及缓水（水流流速小于 5 cm/s）区域。在迁徙繁殖期间，匙吻鲟会选择有沙或砾石的区域进行产卵。雌性匙吻鲟要到 10～12 龄才能完全性成熟，雄性匙吻鲟在 6～7 龄时性成熟。通常在 4～5 月，匙吻鲟在 12.8～15.6℃的流动水中，选择砾石基质进行产卵。5 天后，匙吻鲟孵化完成，然后顺流而下。一旦鳃耙发育完全，匙吻鲟就可以有效地滤食浮游动物。匙吻鲟每 2～3 年繁殖一次，每次排卵量为 7 万～30 万粒（图 2-65）。

图 2-65　匙吻鲟的生活史

匙吻鲟是密西西比河流域的特有种，历史上分布于从西北部的密苏里河和黄石河（Yellowstone River）到东北部的俄亥俄河和阿勒格尼河（Allegheny River）流域，以及密西西比河源头向南至河口流域，从西南部的圣哈辛托河（San Jacinto River）到东南部的汤比格比河（Tombigbee River）和阿拉巴马河（Alabama River）流域。然而，匙吻鲟已从纽约州（State of New York）、马里兰州（State of Maryland）、宾夕法尼亚州（Commonwealth of Rennsylvania）及它们在五大湖地区的大部分外围范围中灭绝，包括加拿大的休伦湖（Huron Lake）和海伦湖（Helen Lake）（Jennings and Zigler，2000）。

USGS 报道，匙吻鲟已被引入到佐治亚州（State of Georgia）牛顿（Newton）下方的弗林特河（Flint River）。目前匙吻鲟已经向下游扩散到塞米诺尔湖（Seminole Lake）和佛罗里达州（State of Floride）的阿巴拉契科拉河（Apalachicola River）。

长期资源监测项目的监测数据表明：密西西比河中游（自由流淌河段）监测断面的匙吻鲟数量远远高于上游位点（图 2-66）。1993~2019 年，上游共统计到 5 尾匙吻鲟，中游共统计到 10 尾匙吻鲟（图 2-66）。

（2）铲鼻鲟（*Scaphirhynchus platorynchus*）。铲鼻鲟是北美最小的鲟类，背部为浅棕色，腹部为白色，鼻子为铲状，尾鳍上有 1 根长丝，下颌上有 4 个弯曲的触须。铲鼻鲟的腹部有鳞片；从鼻尖到触须基部的长度与从触须基部到口的长度相同；触须基部在一条直线上，内侧两个触须又长又粗。2022 年，铲鼻鲟被 IUCN 列为"渐危"。

铲鼻鲟需消耗大量的能量逆流而上，进行长距离洄游，从而到达产卵区。雌性铲鼻鲟大约 7 龄、雄性铲鼻鲟大约 5 龄时开始繁殖。性成熟的铲鼻鲟向上游行进生殖洄游。通常在 4~7 月初，铲鼻鲟在 17~21℃ 的流水中的砾石基质上产卵。雌性铲鼻鲟在每个产卵季节会产卵 1 万~5 万粒。雌性铲鼻鲟不会每年都产卵，产卵频率受食物供应和脂肪储存量大小的影响。产卵结束后，雄性和雌性铲鼻鲟都顺流而下返回到它们原来的栖

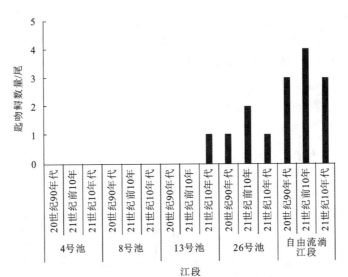

图 2-66 20 世纪 90 年代~21 世纪 10 年代密西西比河上中游干流匙吻鲟数量变化

息地,并将未孵化的受精卵留在产卵区的底部基质上,以独立孵化。5~8 天后,直径为 2~3 mm 的深灰色卵孵化完成。在大约 3 个月内,当铲鼻鲟幼体长到 15~20 cm 时,铲鼻鲟就会离开它们的出生地(图 2-67)。

图 2-67 铲鼻鲟的生活史

铲鼻鲟历史分布于密西西比河和密苏里河的大部分流域,从蒙大拿州(State of Montana)南部到路易斯安那州,从宾夕法尼亚州西部到新墨西哥州(State of New Mexico)。然而,目前铲鼻鲟已经消失于宾夕法尼亚、新墨西哥州和其他州的大部分地区,如堪萨斯州(State of Kansas)、肯塔基州(Commonwealth of Kentucky)和田纳西州。

长期资源监测项目的监测数据表明：密西西比河中游（自由流淌河段）监测断面的铲鼻鲟种群数量高于上游位点（图 2-68）。1993～2019 年，上游共统计到 48 尾铲鼻鲟，中游共统计到 72 尾铲鼻鲟（图 2-68）。1996～2018 年，密苏里河上游流域密苏里铲鲟（*Scaphirhynchus albus*）工作组在密苏里河的弗雷德·罗宾逊桥江段，于秋季用标准网捕获到的铲鼻鲟的种群数量共计 2 090 尾，年均约为 174 尾（图 2-69）。

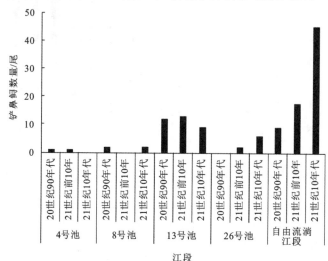

图 2-68　20 世纪 90 年代～21 世纪 10 年代密西西比河上中游干流铲鼻鲟数量变化

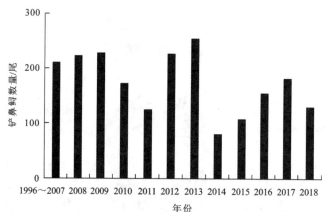

图 2-69　1996～2018 年在弗雷德·罗宾逊桥江段铲鼻鲟种群数量变化

1996～2007 年为平均值

（3）密苏里铲鲟。密苏里铲鲟头呈铲状，鼻子长而尖，没有牙齿，胡须状的触须，身体布满鳞甲。密苏里铲鲟可以长到 1.8 m 长，体重超过 36.3 kg。密苏里铲鲟的腹部无鳞片；从鼻尖到触须基部的长度大于从触须基部到口的长度；触须的基部形成一个新月形，内侧两个触须又短又细。2022 年，密苏里铲鲟被 IUCN 列为"极危"。

通常，雌性密苏里铲鲟要到 15～20 龄、雄性密苏里铲鲟要到 5 龄才会性成熟。通常在 3～7 月，密苏里铲鲟在 16～20℃的流动水中的砾石基质上产卵。雌性密苏里铲鲟每两三年产一次卵，在每个产卵季节会产卵 15 万～17 万粒。密苏里铲鲟喜欢逆流而上，在上游完成产卵后再回到下游。刚孵化出来的密苏里铲鲟幼鱼会在河中漂流 10 天甚至更长的时间，然后才开始进食和生长。密苏里铲鲟性成熟后主要以其他鱼类为食（图 2-70）。

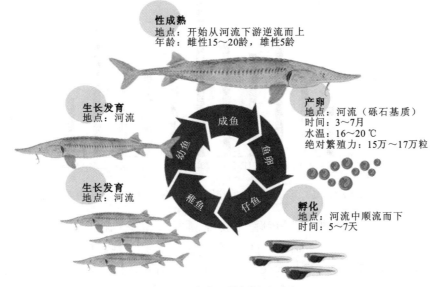

**性成熟**
地点：开始从河流下游逆流而上
年龄：雌性15～20龄，雄性5龄

**生长发育**
地点：河流

**生长发育**
地点：河流

成鱼
幼鱼
鱼卵
仔鱼
稚鱼

**产卵**
地点：河流（砾石基质）
时间：3～7月
水温：16～20℃
绝对繁殖力：15万～17万粒

**孵化**
地点：河流中顺流而下
时间：5～7天

图 2-70　密苏里铲鲟的生活史

　　密苏里铲鲟的历史分布范围包括蒙大拿州的密苏里河和黄石河下游到密苏里–密西西比汇合处（Missouri-Mississippi confluence），以及密西西比河流域，即从艾奥瓦州的基奥卡克（Keokuk）附近下游到路易斯安那州的新奥尔良市（New Orleans）。在密苏里河、密西西比河和黄石河的一些较大支流的下游，包括汤河（Tongue River）、米尔克河（Milk River）、尼奥布拉拉河（Niobrara River）、普拉特河（Platte River）、堪萨斯河（Kansas River）、大苏河（Big Sioux River）、圣弗朗西斯科河（Sao Francisco River）、格兰德河（Grand River）和大向日葵河（Big Sunflower River），也有密苏里铲鲟的记录。历史上，密苏里铲鲟活动范围的总长度约为 5 656 km。

　　目前，密苏里铲鲟的分布范围包括从密苏里–密西西比汇合处到路易斯安那州的新奥尔良市附近，以及部分密苏里河江段。此外，在阿肯色河下游、奥比昂河（Obion River）下游，以及路易斯安那州雷德河（Red River）的 1 号和 2 号水池（即 3 号闸坝下游），都有该物种的记录。

　　据估计，在密苏里河上游的佩克堡水库中存在大约 50 条野生成年密苏里铲鲟（USFWS，2004）。据估计，密苏里州佩克堡大坝（Fort Peck Dam）下游至萨卡卡威亚湖（Sakakawea Lake）源头和黄石河下游仍有 125 条野生密苏里铲鲟（Jaeger et al.，2009）。目前缺乏对加文斯角大坝（Gavins Point Dam）和密苏里州圣路易斯之间的密苏里河的密苏里铲鲟的丰度估计。Garvey 等（2009）估计密西西比河中部（即密苏里河下游到俄亥俄河汇合处的河口）有 1 600～4 900 条密苏里铲鲟。没有相关资料报道关于密西西比河其余江段的密苏里铲鲟种群数量的估计值。2008～2018 年，密苏里河上游流域密苏里铲鲟工作组在密苏里河的弗雷德·罗宾逊桥江段于秋季用标准网捕获到的密苏里铲鲟的种群数量共计 3 140 尾，年均约为 285 尾（图 2-71）。

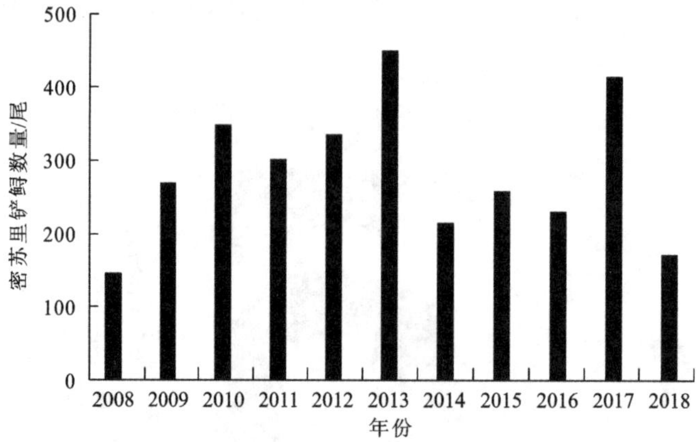

图 2-71　2008～2018 年在弗雷德·罗宾逊桥江段密苏里铲鲟的种群数量变化

1990 年，密苏里铲鲟被列为联邦濒危物种。随后，相关机构开始对密苏里铲鲟进行人工养殖，在野外进行增殖放流，并恢复密苏里铲鲟的栖息地。目前，美国鱼类及野生动植物管理局（U.S. Fish & Wildlife Service，USFWS）、USGS 和美国陆军工程兵团（United States Army Corps of Engineers，USACE）的生物学家已经证实密苏里铲鲟可以在密西西比河下游和阿查法拉亚河（Atchafalaya River）进行繁殖和生存。密西西比河下游保护委员会（Lower Mississippi River Conservation Committee）、USFWS 和 USACE 合作完成了 9 个栖息地恢复项目。这些项目主要恢复了密苏里铲鲟的重要栖息地——近 64 km 长的次级河道。USFWS 2012 年发布了 *Lower Mississippi River Strategic Habitat Conservation Plan*（《密西西比河下游战略栖息地保护计划》），该计划详细介绍了下游密苏里铲鲟和另外两种濒危物种燕鸥和贻贝的种群状况，并对这些种群提出并采取了相关保护和恢复措施。

（4）湖鲟（*Acipenser fulvescens*）。湖鲟是地球上最古老的物种之一，同时，湖鲟也是世界上最长寿的淡水鱼之一，最老的湖鲟有 152 龄。成年湖鲟的身长为 0.9～2.7 m，体重一般为 4.5～36.3 kg，其中最大的有 140.6 kg。在湖鲟的两侧和背部有锋利的脊状物的骨板——盾。湖鲟有一个扁平的铲子状的头，在它圆圆的鼻子下面有 4 个胡须状的触须，还有 1 个没有牙齿的吸盘状的口，它们用吸盘状的口捕捉昆虫、软体动物和小鱼。湖鲟的吻部有两个裂片，靠近口的触须光滑没有流苏，鼻子短而圆。2022 年，湖鲟被 IUCN 列为"极危"。

5～6 月，湖鲟会迁徙到淡水湖岸，寻找鹅卵石基质，在水深为 5.4～6.0 m 的栖息地进行产卵。5 月上半月为产卵高峰。雌性湖鲟每 3～5 年产卵一次，在每个产卵季节会产卵 2 万～300 万粒，产卵时水温为 11.7～12.8℃。通常会在 3～7 天内孵化完成。湖鲟大部分时间生活在湖泊里，但每年它们都会迁徙回它们出生的河流，它们在那里产卵并产生新一代的湖鲟（图 2-72）。

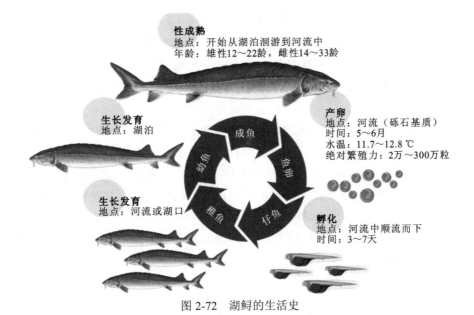

图 2-72　湖鲟的生活史

湖鲟原产于五大湖流域的大型湖泊和河流中，从哈得孙湾（Hudson Bay）向南进入密西西比河流域，到亚拉巴马州和密西西比州北部，从温尼伯湖（Winnipeg Lake）、马尼托巴湖（Manitoba Lake）到尚普兰湖（Champlain Lake）、圣劳伦斯河（Saint Lawrence River）。USGS 报道，在 2000 年，纽约州奥奈达（Oneida）县伊利运河（Erie Canal）中捕获到非土著湖鲟。在 19 世纪后期，湖鲟的种群数量急剧下降，现在湖鲟的种群数量估计只有以前的 1%。此外，长期资源监测项目的监测数据表明：20 世纪 90 年代～21 世纪 10 年代，密西西比河干流上游共统计到 3 尾湖鲟，中游则未捕获到湖鲟（图 2-73）。

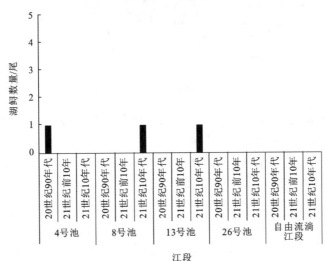

图 2-73　20 世纪 90 年代～21 世纪 10 年代年密西西比河上中游干流湖鲟的种群数量变化

（5）墨西哥湾鲟（*Acipenser oxyrinchus desotoi*）。墨西哥湾鲟是大西洋鲟的亚种，背部呈蓝黑色或橄榄褐色，两侧颜色较浅，腹部呈白色。墨西哥湾鲟身体上有五排被称为鳞甲的骨片，口前有 4 个触角。墨西哥湾鲟可以长到 1.8～2.4 m 长，重达 90.7 kg。墨西哥湾鲟是机会主义者，它们会在不同的生命阶段改变它们的觅食区域和捕食对象。墨西哥湾鲟是底层捕食者，主要的捕食对象包括无脊椎动物，如甲壳类、蠕虫和软体动物。墨西哥湾鲟的平均寿命为 20～25 龄，但它们也可能能活到 50 龄。2022 年，墨西哥湾鲟被 IUCN 列为"濒危"。

墨西哥湾鲟在河流中孵化，幼鲟游向大海，生长到成鲟后再返回到它们出生的河流中产卵（图 2-74）。早春（3～5 月），墨西哥湾鲟从墨西哥湾进入沿海河流。当水温在 15～20 ℃时，墨西哥湾鲟在河流中产卵。夏季，墨西哥湾鲟在上游产卵区（它们产卵的地方）和河口（河流与大海交汇处）之间的河流栖息地度过。亚成体和成体墨西哥湾鲟在河流中不进食。在秋季，亚成体和成体墨西哥湾鲟都进入河口水域并广泛觅食。成体墨西哥湾鲟将在冬季进入海水，但年龄较小的墨西哥湾鲟仍留在河口和淡水栖息地，直到长到 2～3 岁后再进入海水。

图 2-74 墨西哥湾鲟的生活史

墨西哥湾鲟在河流系统中很常见，其历史栖息地从佛罗里达州的坦帕湾（Tampa Bay）到密西西比河，然而现在仅存的栖息地只占历史栖息地的一部分，即从佛罗里达州的苏旺尼河（Suwannee River）到路易斯安那州的珀尔河（Pearl River）等一些大型淡水沿岸河流中。目前，墨西哥湾鲟可以在 7 个河流系统中进行繁殖，包括珀尔河、帕斯卡古拉河（Pascagoula River）、艾斯康比亚河（Escambia River）、耶洛河/布莱克沃特河（Yellow River/Blackwater River）、查克托哈奇河（Choctawhatchee River）、阿巴拉契科拉河和苏旺尼河。除以上 7 个河流系统外，密西西比河、莫比尔河（Mobile River）和奥克洛克尼河（Ochlocknee River）也是墨西哥湾鲟的重要栖息地。然而，1991 年，墨西哥湾鲟的数量急剧下降，因此被 IUCN 列为"濒危"。美国国家海洋和大气管理局（National Oceanic and Atmospheric Administration，NOAA）渔业部门和 USFWS 共同管理和保护墨西哥湾鲟。

　　USFWS 和 NOAA 东南地区办公室于 2022 年共同发布了 Gulf Sturgeon 5-Year Review
(《墨西哥湾鲟 5 年评估》) 报告, 该报告用侧扫声呐系统监测了墨西哥湾鲟在某些年份的
种群数量。21 世纪前 10 年～21 世纪 20 年代, 除耶洛河/布莱克沃特河内的墨西哥湾鲟
种群数量呈递增趋势外, 其余 3 条河流的墨西哥湾鲟种群数量呈递减趋势 (图 2-75)。

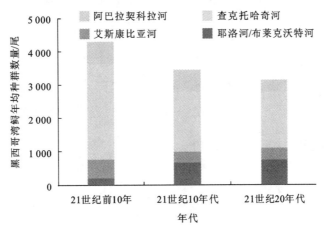

图 2-75　21 世纪前 10 年～21 世纪 20 年代墨西哥湾鲟年均种群数量

扫一扫, 看本章彩图

# 第3章

# 景观压力因子与人类活动干扰

# 3.1 长 江

## 3.1.1 土地利用

### 1. 流域

#### 1）整体概况

2018 年，长江流域土地利用类型以林地（41%）为主，其次为耕地（27%）、草地（23%）（图 3-1）。水域、城镇用地及未利用土地面积占比均为 3%（图 3-1）。其中，耕地和城镇用地主要分布于长江流域中部和东部；草地则主要分布于长江流域西北部（图 3-2）。

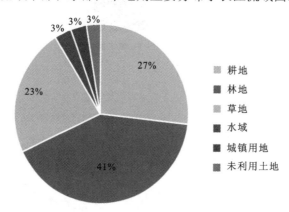

图 3-1　2018 年长江流域土地利用类型面积占比

#### 2）时间变化趋势

1980～2018 年，长江流域土地利用类型中除城镇用地面积占比及耕地面积占比以外，其他土地利用类型面积占比变化不大。其中，城镇用地面积占比逐年增加，从 1980 年的 1.3%增加到 2018 年的 3%（图 3-3）。然而，耕地面积占比逐年下降，从 1980 年的 28.4%降低到 2018 年的 26.8%（图 3-3）。

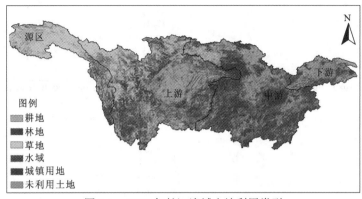

图 3-2　2018 年长江流域土地利用类型

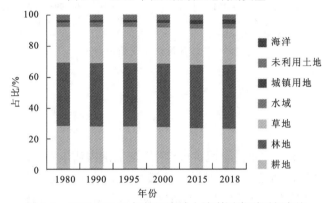

图 3-3　1980～2018 年长江流域土地利用类型面积占比

1980～2018 年，长江上游、中游和下游流域的城镇用地面积占比逐年增加，且 2000 年后的增加趋势最为明显（图 3-4）。1980～2018 年，农业化面积占比年际变化不大。其中，农业化面积占比较高的为长江上游和长江中游流域，约为 12%；其次为长江下游流域，为 3.3%～3.9%（图 3-5）。较其他三大区域而言，长江源区的城镇化及农业化程度均最低（图 3-4、图 3-5）。

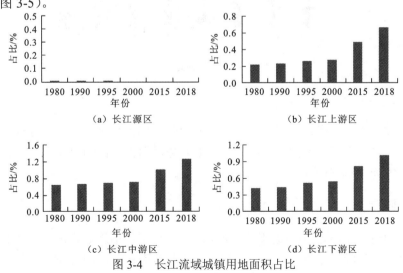

（a）长江源区　　　　　　　　　　（b）长江上游区

（c）长江中游区　　　　　　　　　　（d）长江下游区

图 3-4　长江流域城镇用地面积占比

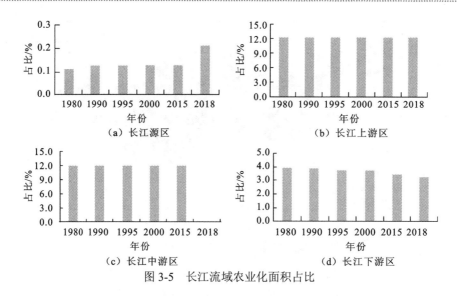

（a）长江源区　　　　　　　　　　　　（b）长江上游区

（c）长江中游区　　　　　　　　　　　　（d）长江下游区

图 3-5　长江流域农业化面积占比

## 2. 干流

### 1）耕地

1980～2018 年，长江中下游干流 5 km 河岸带范围内耕地面积占比远远高于上游耕地面积占比，且两江段的耕地面积占比均逐年减少。其中，长江上游耕地面积占比从 24%减少至 21%，长江中下游耕地面积占比从 63%减少至 50%（图 3-6）。

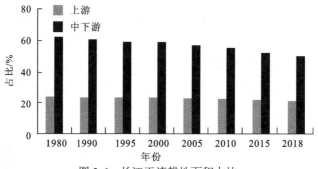

图 3-6　长江干流耕地面积占比

### 2）林地

1980～2018 年，长江中下游干流 5 km 河岸带范围内林地面积占比远远低于上游林地面积占比，且年际变化不大。其中，长江上游林地面积占比约为 31%，长江中下游林地面积占比约为 11%（图 3-7）。

### 3）草地

1980～2018 年，长江中下游干流 5 km 河岸带范围内草地面积占比远远低于上游草地面积占比，且年际变化不大。其中，长江上游草地面积占比约为 36%，长江中下游草地面积占比约为 2%（图 3-8）。

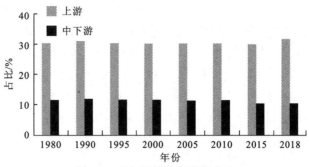

图 3-7　长江干流林地面积占比

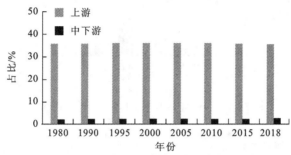

图 3-8　长江干流草地面积占比

### 4）城镇用地

1980～2018 年，长江中下游干流 5 km 河岸带范围内城镇用地面积远远高于上游城镇用地面积，且两江段的城镇用地面积占比均逐年增加。其中，长江上游城镇用地面积占比从 1% 增加至 3%，长江中下游城镇用地面积占比从 9% 增加至 22%（图 3-9）。

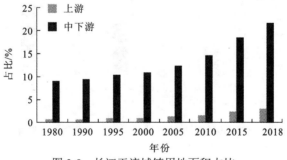

图 3-9　长江干流城镇用地面积占比

## 3.1.2　航运与港口

### 1. 港口码头

2019 年，中国各水系中港口码头泊位数最多的为长江水系，其次为京杭运河（图 3-10）。

其中，长江支流水系的生产用码头泊位数为 7 787 个，公用码头泊位数为 3 438 个；长江干流水系的生产用码头泊位数为 2 679 个，公用码头泊位数为 1 575 个；京杭运河的生产用码头泊位数为 2 393 个，公用码头泊位数为 784 个（图 3-10）。长江流域各省内河港口码头泊位拥有量中江苏省排名第一，其次为四川省、湖南省和湖北省，生产用码头泊位数分别为 5 397 个、1 623 个、1 112 个和 689 个；公用码头泊位数分别为 1 365 个、1 583 个、897 个和 328 个（图 3-11）。另外，2019 年长江干线主要港口企业货物吞吐量中金属矿石运输量最高（26 239 万 t），其次为煤炭及制品运输量（14 650 万 t）（图 3-12）。

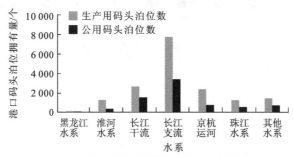

图 3-10　2019 年各水系港口码头泊位拥有量

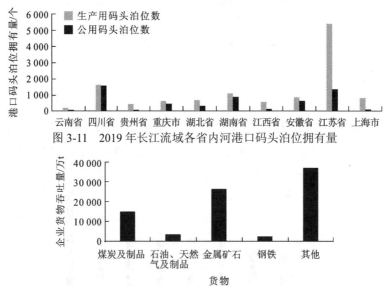

图 3-11　2019 年长江流域各省内河港口码头泊位拥有量

图 3-12　2019 年长江干线主要港口企业货物吞吐量

## 2. 货运量和货运周转量

20 世纪 90 年代～21 世纪 10 年代，长江中下游年均水路货运量及年均水路货运周转量高于上游，且均呈年际增加趋势（图 3-13、图 3-14）。其中，长江上游年均水路货运量从 20 世纪 90 年代的 4 000 万 t 增加到 21 世纪 10 年代的 26 000 万 t，长江中下游年均水路货运量从 20 世纪 90 年代的 43 000 万 t 增加到 21 世纪 10 年代的 295 000 万 t（图 3-13）；长江上游年均水路货运周转量从 20 世纪 90 年代的 100 亿 t/km 增加到 21

世纪 10 年代的 2 200 亿 t/km，长江中下游年均水路货运周转量从 20 世纪 90 年代的 3 700 亿 t/km 增加到 21 世纪 10 年代的 36 700 亿 t/km（图 3-14）。

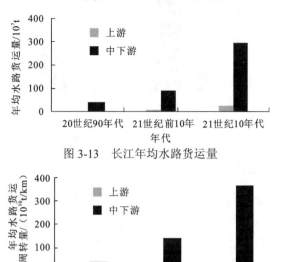

图 3-13　长江年均水路货运量

图 3-14　长江年均水路货运周转量

### 3. 运输船数

21 世纪前 10 年～21 世纪 10 年代，长江中下游年均民用机动运输船数及年均民用驳船运输船数高于上游，且均呈年际下降趋势（图 3-15、图 3-16）。其中，长江上游年均民用机动运输船数从 21 世纪前 10 年的 15 000 艘下降到 21 世纪 10 年代的 13 000 艘，长江中下游年均民用机动运输船数从 21 世纪前 10 年的 81 000 艘下降到 21 世纪 10 年代的 77 000 艘（图 3-15）；长江上游年均民用驳船运输船数从 21 世纪前 10 年的 4 000 艘下降到 21 世纪 10 年代的 1 000 艘，长江中下游年均民用驳船运输船数从 21 世纪前 10 年的 20 000 艘下降到 21 世纪 10 年代的 9 000 艘（图 3-16）。

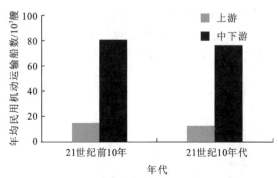

图 3-15　长江年均民用机动运输船数

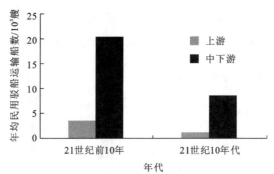

图 3-16 长江年均民用驳船运输船数

### 4. 内河航道通航里程

20 世纪 90 年代~21 世纪 10 年代，长江中下游年均内航道通航里程数高于长江上游，且呈年际增加趋势（图 3-17）。其中，长江上游年均内航道通航里程数从 20 世纪 90 年代的 1.2 万 km 增加到 21 世纪 10 年代的 2.3 万 km；长江中下游年均内航道通航里程数从 20 世纪 90 年代的 5.4 万 km 增加到 21 世纪 10 年代的 5.8 万 km（图 3-17）。

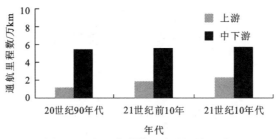

图 3-17 长江年均内河航道通航里程

## 3.1.3 岸线开发

### 1. 干流

生态岸线仍然是长江干流最主要的岸线类型，开发利用类岸线类型包括农业、港口和工业等岸线（图 3-18）。长江上游由于地势险、人口少、林草覆盖多等因素，生态岸线较多，开发利用类的岸线类型占比较低，除跨河岸线占比较低外，各开发利用岸线类型

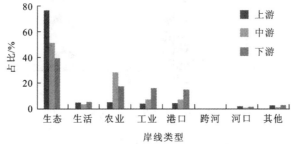

图 3-18 上中下游岸线类型占比情况（殷守敬 等，2020）

占比相当。中游的特点是地势平坦、区域面积较大，岸线主要开发类型为农业生产，但仍有大段岸线区域人口较少，从而生态岸线率较高。下游地势平坦且人口密度高，生活、农业、工业和港口等开发利用类的岸线类型占比比生态岸线高 15.8%（殷守敬 等，2020）。

岸线开发利用率超过 50% 的城市主要包括长江下游的苏州市、无锡市、泰州市、扬州市、镇江市、南京市、马鞍山市、芜湖市、铜陵市、安庆市、池州市及中游的黄冈市、鄂州市、咸宁市 14 市。其中，较高的有芜湖市，达到 74%；上游的恩施市、重庆市两市岸线以生活岸线为主，开发利用率均低于 20%，如恩施市仅 14%（图 3-19）。下游以工业岸线为主的城市包括泰州市、扬州市、镇江市和铜陵市 4 市；以港口岸线为主的城市包括上海市、南通市、苏州市、无锡市、常州市、南京市、九江市、黄石市和宜昌市 9 市（图 3-19）（殷守敬 等，2020）。

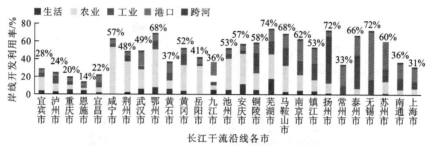

图 3-19　长江干流沿线各市岸线开发利用率（殷守敬 等，2020）

## 2. 支流

长江主要支流平均开发利用率为 19.07%，各条支流开发利用程度差异显著，整体开发利用率远低于干流岸线开发利用率（图 3-20、图 3-21）。岷江开发利用率最高，其次

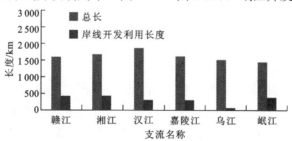

图 3-20　长江主要支流总长及岸线开发利用长度

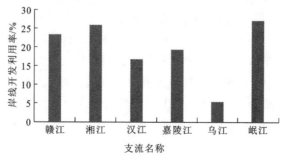

图 3-21　长江主要支流岸线开发利用率

为湘江，乌江开发利用率最低（图 3-20、图 3-21）（闵敏 等，2019）。

各支流的岸线开发利用类型多样且存在差异。支流的岸线开发利用类型包括城镇生活、港口码头、工业生产、其他人工岸线等（图 3-22、图 3-23）（闵敏 等，2019）。

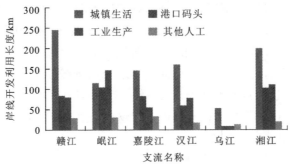

图 3-22　长江主要支流各类型岸线开发利用长度

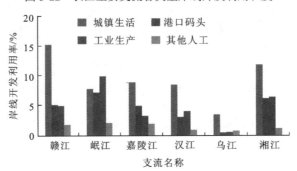

图 3-23　长江主要支流各类型岸线开发利用率

## 3.1.4　水利工程

### 1. 长江流域建坝发展

中国是世界水资源最为丰富的国家之一，据中华人民共和国水利部发布的《2022 中国水资源公报》，中国水资源总量为 27 088.1 亿 m³，其中地表水资源量为 25 984.4 亿 m³；地下水资源量为 7 924.4 亿 m³；地下水与地表水资源不重复量为 1 103.7 亿 m³。长江水资源总量为 8 590.5 亿 m³，其中地表水资源量为 8 485.6 亿 m³；地下水资源量为 2 310.2 亿 m³；地下水与地表水资源不重复量为 105.0 亿 m³。据统计，中国河流水能资源蕴藏量为 6.76 亿 kW，可供年发电量 59 200 亿 kW·h；可用于开发水能资源的装机容量达 3.78 亿 kW，年发电量 19 200 亿 kW·h。中国无论是在水能资源蕴藏量方面，还是在可能开发的水能资源方面，都位列世界第一。根据全球地理参考大坝数据库（global georeferenced database of dams，GOODD），截至 2019 年，中国大中型大坝（水库库容大于或等于 0.1 亿 m³）有 9 231 座，其中长江流域大中型大坝有 5 030 座（图 3-24）。

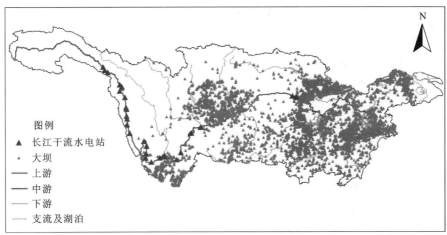

图 3-24　长江流域大坝分布图

## 2. 长江干流大坝特征

长江干流大坝全部建在长江上游，上至西绒水电站，下至葛洲坝水电站，而长江干流中下游至今尚未修建拦河大坝（图 3-25、表 3-1）。长江干流的大坝综合效益明显，主要包括发电、同时兼有防洪、拦沙、改善下游航运条件和发展库区通航等作用。截至 2023 年年底，长江干流上建成、在建、待建及规划建设的大坝共 27 座，其中建成的大坝有 17 座，在建的大坝有 2 座，待建的大坝有 3 座，规划建设的大坝有 5 座（图 3-25、表 3-1）。

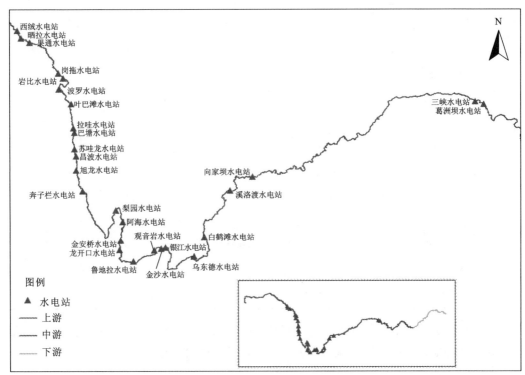

图 3-25　长江干流水电站分布图

表 3-1　长江干流水电站

| 序号 | 水电站 | 建设现状 | 装机容量/MW | 年发电量/(亿 kW·h) | 坝高/m | 库容/km³ | 花费/亿元 | 竣工年份 |
|---|---|---|---|---|---|---|---|---|
| 1 | 西绒水电站 | 规划 | — | — | — | — | — | — |
| 2 | 晒拉水电站 | 规划 | — | — | — | — | — | — |
| 3 | 果通水电站 | 规划 | — | — | — | — | — | — |
| 4 | 岗拖水电站 | 规划 | — | — | — | — | — | — |
| 5 | 岩比水电站 | 规划 | — | — | — | — | — | — |
| 6 | 波罗水电站 | 建成 | 920 | 2.3 | 138 | — | 2.85 | — |
| 7 | 叶巴滩水电站 | 在建 | 2 240 | 102.05 | 217 | 1.185 | 343 | 2025 |
| 8 | 拉哇水电站 | 在建 | 2 000 | 83.64 | 239 | 2.467 | 310 | 2027 |
| 9 | 巴塘水电站 | 建成 | 750 | 30.04 | 69 | 0.158 | 103 | 2023 |
| 10 | 苏哇龙水电站 | 建成 | 1 200 | 54.32 | 112 | 0.638 | 309 | 2023 |
| 11 | 昌波水电站 | 待建 | 826 | 47 | 58 | 0.016 7 | 60 | — |
| 12 | 旭龙水电站 | 待建 | 2 400 | 105.14 | 213 | 0.847 | 289.93 | |
| 13 | 奔子栏水电站 | 待建 | 2 200 | 99.47 | 185 | 1.353 | 286.26 | |
| 14 | 梨园水电站 | 建成 | 2 400 | 107.03 | 155 | 0.727 | 162 | 2014 |
| 15 | 阿海水电站 | 建成 | 2 000 | 88.77 | 138 | 8.82 | 136 | 2012 |
| 16 | 金安桥水电站 | 建成 | 2 400 | 114.17 | 160 | 0.847 | 139 | 2010 |
| 17 | 龙开口水电站 | 建成 | 1 800 | 73.96 | 119 | 0.544 | 89 | 2013 |
| 18 | 鲁地拉水电站 | 建成 | 2 160 | 219.5 | 120 | 1.718 | 219.5 | 2015 |
| 19 | 观音岩水电站 | 建成 | 3 000 | 122.4 | 159 | 2.072 | 161.2 | 2014 |
| 20 | 金沙水电站 | 建成 | 560 | 25.07 | 66 | 0.108 | 74 | 2021 |
| 21 | 银江水电站 | 建成 | 345 | 15.5 | 83 | 0.006 | 41 | 2015 |
| 22 | 乌东德水电站 | 建成 | 10 200 | 389.1 | 240 | 7.6 | 1 200 | 2021 |
| 23 | 白鹤滩水电站 | 建成 | 16 000 | 602.4 | 227 | 17.924 | 10 | 2022 |
| 24 | 溪洛渡水电站 | 建成 | 13 860 | 640 | 285.5 | 12.67 | 792 | 2013 |
| 25 | 向家坝水电站 | 建成 | 6 448 | 307.47 | 161 | 5.163 | 434 | 2012 |
| 26 | 三峡水电站 | 建成 | 22 500 | 1 000 | 181 | 39.3 | 2 030 | 2003 |
| 27 | 葛洲坝水电站 | 建成 | 2 715 | 157 | 47 | 1.58 | 48.48 | 1988 |

由于长江最早建成并投入运行的大坝是 1988 年建成的葛洲坝水电站，且 21 世纪以来为建坝高峰期，所以长江干流大坝和水电站目前正值"青年"期。

## 3.1.5　人口

2020 年，长江流域人口分布呈现西北部低、中部和东部偏高的区域格局（图 3-26）。其中，长江源头区的人口总数最低，占全长江流域人口总数的 0.2%（图 3-27）。长江中游流域的人口总数最高，占全长江流域人口总数的 42.1%；其次为长江上游（34.9%）和长江下游（22.8%）（图 3-27）。

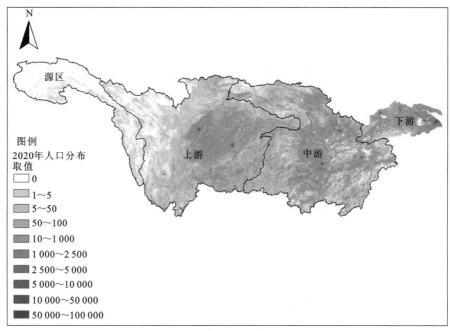

图 3-26　2020 年长江流域人口分布图

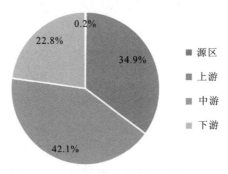

图 3-27　2020 年长江流域各区域人口占比

2001～2020 年，长江流域人口总数呈增加趋势，从 2001 年的 43 652 万人增长到 2020 年的 45 312 万人，共增加了 1 660 万人（图 3-28）。其中，长江源区和长江下游区人口总数呈增加趋势，而长江上游区和长江中游区人口总数则呈下降趋势。长江源区从 2001 年的 70 万人增长到 2020 年的 85 万人，共增加了约 15 万人（图 3-29）；长江下游区从 2001 年的 8 166 万人增长到 2020 年的 10 342 万人，共增加了约 2 176 万人（图 3-29）。

长江上游区从 2001 年的 16 171 万人减少到 2020 年的 15 814 万人，共减少了约 357 万人（图 3-29）；长江中游区从 2001 年的 19 245 万人减少到 2020 年的 19 070 万人，共减少了约 175 万人（图 3-29）。

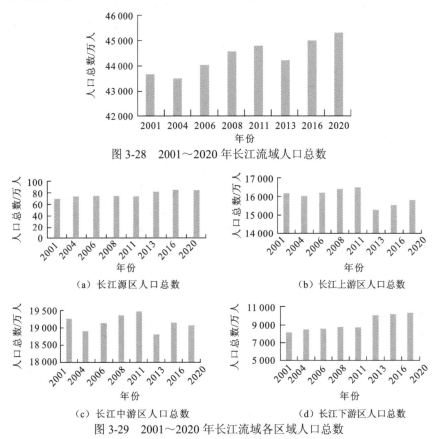

图 3-28　2001～2020 年长江流域人口总数

（a）长江源区人口总数　　　（b）长江上游区人口总数

（c）长江中游区人口总数　　　（d）长江下游区人口总数

图 3-29　2001～2020 年长江流域各区域人口总数

## 3.1.6　渔业捕捞

### 1. 商业捕捞

20 世纪 80 年代～21 世纪 10 年代，长江中下游年均渔业专业从业人员人数高于长江上游，且呈年际增加趋势（图 3-30）。其中，长江上游年均渔业专业从业人员人数从 20 世纪 80 年代的 1.6 万人增加到 21 世纪 10 年代的 5.9 万人；长江中下游年均渔业专业从业人员人数从 20 世纪 80 年代的 22.4 万人增加到 21 世纪 10 年代的 44.3 万人（图 3-30）。

### 2. 休闲渔业

2017 年 11～12 月，长江中游干流垂钓者总人数约为 4 600 人，平均密度为 4.8 人/km（图 3-31）（吴金明 等，2021a）。各江段的垂钓者人数存在较大的差异，其中宜昌、荆

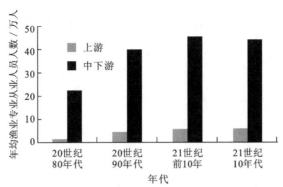

图 3-30　20 世纪 80 年代 ～21 世纪 10 年代长江流域各区域年均渔业专业从业人员人数

州、汉口等 15 个江段的垂钓者密度大于 10 人/km（图 3-31）（吴金明 等，2021a）。48.8%
的受访者参与休闲垂钓的年限小于 5 年，14.0%的受访者参与休闲垂钓的年限大于 30 年
（吴金明 等，2021a）。

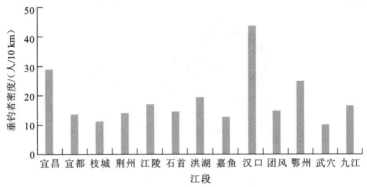

图 3-31　2017 年 11～12 月长江中游各江段垂钓者密度

## 3.1.7　其他压力因子

根据历年《中国河流泥沙公报》，近年来长江流域采砂活动逐渐得到有效控制。其
中，2012 年，长江中下游干流实际实施采砂活动 31 项，实际完成采砂量约为 5 204 万 t。
2017 年，长江中下游干流实际实施采砂活动 26 项，实际完成采砂量约为 4 949 万 t。2019
年，长江中下游干流实际实施采砂活动 29 项，实际完成采砂量约为 875 万 t。2020 年 7
月，水利部正式批复《长江上游干流宜宾以下河道采砂管理规划（2020—2025 年）》，要
求强化规划的指导和约束作用，依法、科学、有序开展采砂活动，切实做好长江大保护、
助力长江经济带高质量发展。然而，非法采砂和未报道的采砂活动仍然未受到完全的控
制。沙和其他沉积物是水生生物生境的重要材料，包括河床、河岸带和岛屿。采砂活动
进一步加剧了河流和湖泊的水生生物生境的恶化，水电站大坝下游的生境尤甚。

# 3.2 密西西比河

## 3.2.1 土地利用

### 1. 流域

#### 1）整体概况

2016 年，密西西比河流域土地利用类型以种植业（27.5%）为主，其次为草本植物（21.5%）、森林（21.1%）（图 3-32）。其中畜牧业占比为 9.0%，灌木占比为 8.9%，城镇占比为 5.1%，湿地占比为 4.4%（图 3-32）。种植业主要分布于密西西比河流域北部，畜牧业和森林主要分布于密西西比河流域东南部，灌木和草本植物主要分布于密西西比河流域西部，城镇分布较为分散，主要分布于密西西比河流域中部和东部（图 3-33）。

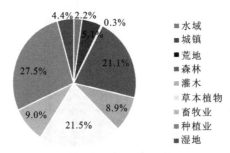

图 3-32　2016 年密西西比河流域土地利用类型占比

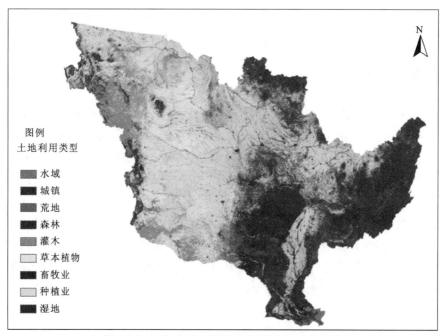

图 3-33　2016 年密西西比河流域土地利用类型

**2）时间变化趋势**

2001～2016 年，密西西比河流域土地利用类型变化不大（图 3-34）。其中种植业占比最高，其次为草本植物，分别约占 26.9% 和 22%（图 3-34）。畜牧业和灌木的占比分别为 9.3% 和 8.9% 左右，其他土地利用类型的面积占比均小于 5%（图 3-34）。

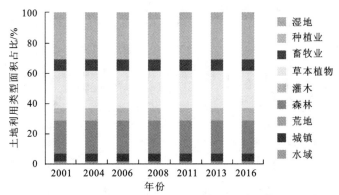

图 3-34　2001～2016 年密西西比河流域土地利用类型面积占比

2001～2016 年，密西西比河流域各二级流域的城镇化土地利用类型面积占比逐年增加。其中，城镇化土地利用类型面积占比较高的为俄亥俄河流域和密西西比河上游流域，为 1.1%～1.2%；占比最低的为田纳西河流域，仅为 0.3% 左右（图 3-35）。农业化土地利用类型面积占比最高的为密苏里河流域，为 13% 左右；其次为密西西比河上游流域，约为 9%；占比最低的为田纳西流域，仅为 0.8% 左右（图 3-36）。此外，农业化土地利用类型面积占比中种植业占比高于畜牧业，其中，密苏里河流域种植业和畜牧业占比均为第一，其次为密西西比河上游流域的种植业和畜牧业（图 3-37）。2001～2016 年，密苏里河流域和密西西比河上游流域的种植业占比逐年增加，2016 年分别高达 11% 和 7.5% 左右。然而，密苏里河流域和密西西比河上游流域的畜牧业逐年降低，2016 年分别降至 2.3% 和 1.5% 左右（图 3-37）。

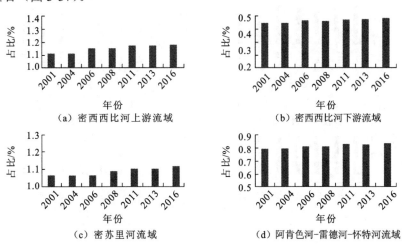

（a）密西西比河上游流域

（b）密西西比河下游流域

（c）密苏里河流域

（d）阿肯色河-雷德河-怀特河流域

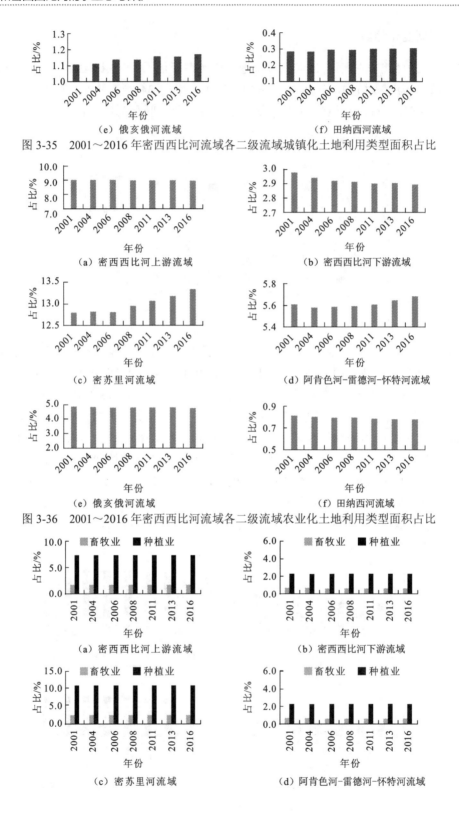

（e）俄亥俄河流域  （f）田纳西河流域

图 3-35  2001~2016 年密西西比河流域各二级流域城镇化土地利用类型面积占比

（a）密西西比河上游流域  （b）密西西比河下游流域

（c）密苏里河流域  （d）阿肯色河-雷德河-怀特河流域

（e）俄亥俄河流域  （f）田纳西河流域

图 3-36  2001~2016 年密西西比河流域各二级流域农业化土地利用类型面积占比

（a）密西西比河上游流域  （b）密西西比河下游流域

（c）密苏里河流域  （d）阿肯色河-雷德河-怀特河流域

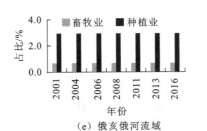 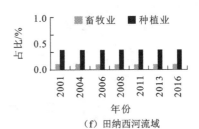

（e）俄亥俄河流域　　　　　　　　　　（f）田纳西河流域

图 3-37　2001~2016 年密西西比河流域各二级流域种植业、畜牧业土地利用类型面积占比

## 2. 干流

根据密西西比河河宽及沿岸人类活动干扰状况，选择密西西比河干流左右两河岸 5 km 范围的河岸带进行土地利用分析。

### 1）发展地区

密西西比河上游干流发展地区面积占比高于中下游，均呈增加趋势（图 3-38~图 3-40）。在低、中、高三类发展地区中，密西西比干流低发展地区面积占比最高，其次为中发展地区（图 3-38~图 3-40）。其中，2001~2016 年，密西西比河上游干流的低、中、高三类发展地区面积占比分别从 4.42% 增加到 4.55%（图 3-38），2.52% 增加到 2.93%（图 3-39），1.11% 增加到 1.3%（图 3-40）；中下游干流的低、中、高三类发展地区面积占比分别从 3.89% 增加到 3.94%（图 3-38），1.61% 增加到 1.87%（图 3-39），1% 增加到 1.17%（图 3-40）。

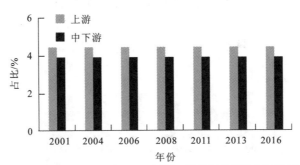

图 3-38　密西西比河干流 5 km 范围河岸带低发展地区面积占比

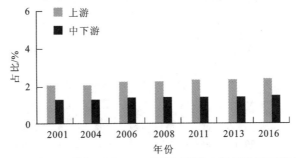

图 3-39　密西西比河干流 5 km 范围河岸带中发展地区面积占比

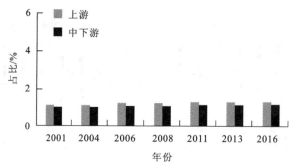

图 3-40　密西西比河上游干流 5 km 范围河岸带高发展地区面积占比

## 2）林地

密西西比河上游干流林地面积占比远远高于中下游（图 3-41～图 3-42）。三类林地类型中，落叶林面积占比最高，其次为混交林。2001～2016 年，密西西比河上游干流

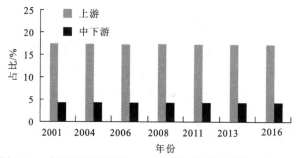

图 3-41　密西西比河干流 5 km 范围河岸带落叶林面积占比

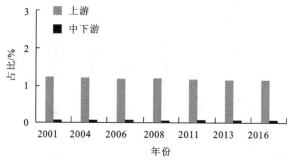

图 3-42　密西西比河干流 5 km 范围河岸带常绿森林面积占比

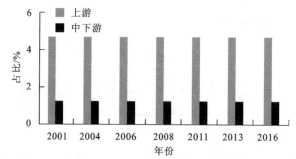

图 3-43　密西西比河干流 5 km 范围河岸带混交林面积占比

落叶林和常绿森林的面积占比逐年降低，分别从 17.46%下降到 17.25%（图 3-41），1.22%
下降到 1.14%（图 3-42），而混交林从 4.7%增加到 4.74%（图 3-43）。该期间密西西比河
中下游干流各类型林地面积占比变化不大（图 3-41～图 3-43）。

### 3）湿地

密西西比河上游和中下游干流木本湿地面积占比最高，且中下游干流木本湿地面积
占比远远高于上游，而两河段的草本湿地面积占比相差不大。其中，密西西比河上游干
流 2001 年木本湿地高达 12.48%，2004 年下降为 11.95%，2004～2016 年呈递增趋势，
2016 年增加到 12.41%（图 3-44）。密西西比河上游干流 2001～2006 年草本湿地面积占
比较高，达 6.5%左右，其他年份均在 6%以下（图 3-45）。

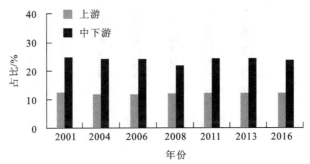

图 3-44　密西西比河干流 5 km 范围河岸带木本湿地面积占比

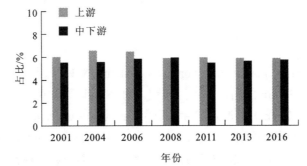

图 3-45　密西西比河干流 5 km 范围河岸带草本湿地面积占比

### 4）农业

密西西比河干流种植作物面积占比较低，而干草牧地面积占比较高。2001～2016 年，
上游和中下游种植作物面积占比都略有减少，上游从 9.53%下降到 8.56%，中下游从
3.34%下降到 2.79%（图 3-46）。2001～2016 年，上游干草牧地面积占比从 20.13%增加到
20.36%，中下游干草牧地面积占比则从 31.55%下降到 31.01%（图 3-47）。

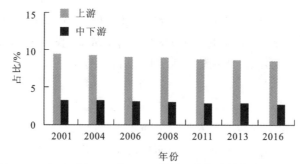

图 3-46 密西西比河干流 5 km 范围河岸带种植作物面积占比

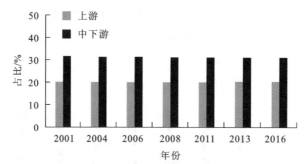

图 3-47 密西西比河干流 5 km 范围河岸带干草牧地面积占比

## 3.2.2 航运与港口

### 1. 航运系统

美国海洋运输系统（marine transportation system，MTS）是一个总称，指为商业航行而维持的大约 40 233 km 的国内和沿海航道。MTS 可以看作两个子系统：内河航道系统（inland waterway system）和深水国际航道（deep-water international waterways）。内河航道系统包括 19 312 km 的内河和浅海（法定水深为 2.7～4.3 m）的沿海水道，这些浅海运输商船，通常是驳船。其余 20 921 km 的深水国际航道则由深海海岸、大湖港口和水道组成（水深通常为 4.3 m 及以上；更典型的是 8.2 m 或更高水深）。

美国中部地区货运联盟（mid-America freight coalition）地区可以广泛访问这两个系统（内河航道系统和深水国际航道）。密西西比河水系（Mississippi River system）包括所有可通航的支流，如密苏里河、俄亥俄河、伊利诺伊河和田纳西河都是内河航道系统的一部分。除密歇根州（State of Michigan）外，所有美国中部地区货运联盟州都可以直接进入密西西比河水系。美国五大湖航运系统（US Great Lakes navigations system，GLNS）属于国际航道五大湖圣劳伦斯航道（Great Lakes-Saint Lawrence seaway），在资金用途上被归类为与海洋沿海港口同等的深水航道。10 个美国中部地区货运联盟州中有 6 个可以进入五大湖区的商业航道，而拥有五大湖航道的 8 个美国州中有 6 个位于美国中部地区货运联盟地区。

内河航道系统和深水国际航道将北美大陆中部的港口与该地区以外的世界各地的海洋港口连接起来。根据 2013 年美国国家运输地图集数据库,在 10 个美国中部地区货运联盟州有 3 193 个海事设施:2 387 个码头,92 个船闸和大坝,49 个临时区域,近 700 个非机密设施。美国共有 22 873 个海事设施:12 947 个码头、234 个船闸和水坝、116 个临时区域和近 10 000 个非机密设施。美国中部地区货运联盟州拥有美国 18%以上的港口,以及全国 39%以上的船闸和水坝。

美国 191 处主要船闸中,密西西比河水系就占了 138 处,其中 70 处位于美国中部地区货运联盟州内部或毗邻的河道上。密西西比河水系长达 9 656 多千米,占内河航道系统的一半以上。其余部分包括海洋沿岸间水道和较短的沿岸河流,如太平洋西北部的哥伦比亚河。密西西比河水系不仅包括密西西比河的主干(明尼苏达州到路易斯安那),还包括所有主要和次要的可通航的支流,包括俄亥俄河(宾夕法尼亚州到密西西比河);密苏里河的通航部分(从艾奥瓦州的苏城到密西西比河);伊利诺伊河水道(从芝加哥到圣路易斯)和每条河的所有可通航的支流。由于 19 312 km 长的内河航道系统大部分由河流和浅滩组成,大部分内河航道系统需要定期疏浚沉积物以保持通航。USACE 被授权将整个内河航道系统作为浅吃水水道,最低深度为 2.7~4.3m,足以容纳驳船。

### 2. 港口

美国早期的大都市中心最初由密西西比河水系、纽约港河水系和五大湖圣劳伦斯航道上的港口组成。密西西比河水系共有 12 条水路、100 个港口。其中,密西西比河干流有 41 个港口(图 3-48)。密西西比河上游的明尼阿波利斯/圣保罗双城港口是密西西比河的支柱。密西西比河上游的大部分航运是在几十个较小的社区和农村河流码头进行的,而不是在大型港口进行的。

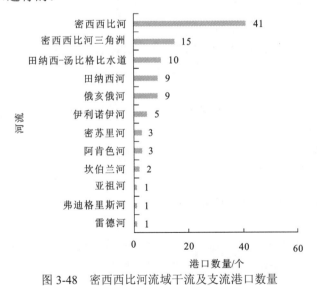

图 3-48　密西西比河流域干流及支流港口数量

田纳西-汤比格比水道(Tennessee-Tombigbee Waterway);坎伯兰河(Cumberland River);亚祖河(Yazoo River);弗迪格里斯河(Verdigris River)

### 3. 贸易量

2008～2017 年，密西西比河流域商品贸易量出现下降趋势，从 2008 年的 661 百万 t 下降为 2017 年的 622 百万 t。其中，密西西比河干流贸易量最高，其次为俄亥俄河、海湾近岸内航道（the gulf intracoastal waterway）、田纳西河和伊利诺伊河（图 3-49）。

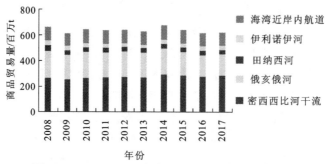

图 3-49　2008～2017 年密西西比河流域商品贸易量

2008～2017 年密西西比河干流商品贸易量中石油及石油产品的贸易量最高，其次为农产品。石油及石油产品的贸易量从 2008 年的 71.2 百万 t 增加至 2017 年的 89.6 百万 t；农产品的贸易量从 2008 年的 56.8 百万 t 增加至 2017 年的 79.9 百万 t。然而，煤炭和原油的贸易量下降，分别从 2008 年的 45.8 百万 t 下降为 2017 年的 23.7 百万 t；从 2008 年的 45.2 百万 t 下降为 2017 年的 35.2 百万 t（图 3-50）。

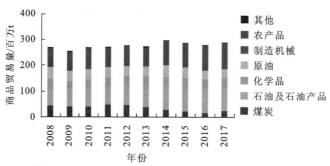

图 3-50　2008～2017 年密西西比河干流商品贸易量

## 3.2.3　岸线开发

在 20 世纪 30 年代兴建船闸和大坝后，密西西比河岸线受到风浪、河流等的侵蚀加剧。对于位于密苏里州圣路易斯市以上的河段来说，修建于 20 世纪 30 年代的水闸和水坝成为影响河岸稳定性的主要因素。水坝的修建导致了长期以来河岸带上植被的淹没，从而破坏了河岸带的稳定性。过去，这些土壤主要位于河岸带，只有在水位上升时才会受到河流波浪冲击的影响。然而，当洪泛平原被淹没时，风力会立即增加，并且随着导航池下游的特征消失，风力会继续增大，改变输沙量。这样一来，中游江段的通航池就会出现泥沙淤积，进而减少了下游的泥沙负荷。这种情况可能会导致部分岸线的侵蚀和退化。在密西西比河上游，由于河床冲刷和堤防的建设，开阔河段泛滥平原的泛滥程度已经大大减弱。在密西西比河淤积的河段，历史上的洪泛平原由于沉降和地下水位上升而被永久淹没，或已转变为湿地/沼泽。

## 3.2.4　水利工程

### 1. 密西西比河流域建坝发展

美国的水资源丰富，根据 2003 年联合国粮食及农业组织颁布的 Review of World Water Resoures by Country（《各国水资源评论》），美国本土的年均水资源量为 20 000 亿 m³，人均水资源量接近 7 407m³，水资源总量位居世界第七。根据全球大坝地理参考数据库，截至 2019 年，美国本土大中型大坝有 4 602 座，密西西比河流域大中型大坝有 1 789 座（图 3-51）。

图 3-51　密西西比河流域大坝分布图

由于洪水频繁，美国政府一直比较重视密西西比河的治理和开发工作。从 20 世纪 20 年代开始，USACE 对密西西比河制定了统一的规划，改善河道通航条件。主要的工程措施为在密西西比河上游修建梯级闸坝以改善航运条件；同时，为稳定河岸河床，在密西西比河下游修建了大批防洪堤和丁坝；最后，在各大支流修建综合利用水库。例如，美国国会于 1933 年 5 月通过了密西西比河的东部支流 Tennessee Valley Authority Act（《田纳西河谷开发法案》），这一法案的通过进一步推动了密西西比河全流域的水资源规划和开发利用。该法案的成功实施使美国进入"大坝时代"，同时也为全世界范围内的流域水资源综合开发管理提供了示范样本。截至 20 世纪 90 年代，美国已逐步完成了密西西比河干支流河道的渠化和相应的稳固工程，形成了干支流和上下游贯通的内河航运网络。现如今，密西西比河流域建有上千座单功能或多功能的堤堰、大坝和水库，用以航运、防洪、发电、供水、灌溉及垂钓休闲娱乐。其中密西西比河干流建有梯级闸坝 41 座，全部分布在上游、东部支流伊利诺伊河河口以上江段，而密西西比河中下游干流至今尚保持自然流淌状态（图 3-52）（常涛和刘焕章，2020）。

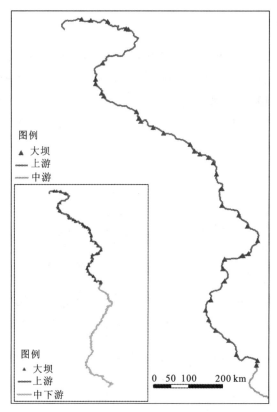

图 3-52　密西西比河干流大坝分布位置

## 2. 密西西比河干流大坝特征

密西西比河干流最早投入运行的大坝是 1878 年建在伊利诺伊州罗克岛（Rock Island）的阿森纳电力大坝（Arsenal Power Dam）。最晚的是 1990 年建在伊利诺伊州东奥尔顿（East Alton）的梅尔文·普赖斯水闸和大坝（Melvin Price Locks & Dam）。20 世纪 30 年代为密西西比河干流建坝的高峰期，在此之前大坝数量加速增长，之后陡然下降（表 3-2）。按照美国大坝许可证的有效期一般以 30～50 年为标准，目前密西西比河干流多数大坝（36 座，占 88%）的服役年限已达到 60 年的 "老化" 期（常涛和刘焕章，2020）。此外，密西西比河干流大坝的开发目标主要为航运，其次为发电和娱乐（常涛和刘焕章，2020）。

表 3-2　密西西比河干流 41 座大坝建设概况

| NID 序号 | 大坝中文名称 | 大坝英文名称 | 建成年份 | 坝高/m | 库容/km³ |
| --- | --- | --- | --- | --- | --- |
| 421 | 阿森纳电力大坝 | Arsenal Power Dam | 1878 | 8.8 | 0.037 |
| 1029 | 温尼比戈希什湖大坝 | Winnibigoshish Lake Dam | 1884 | 7.0 | 0.678 |
| 1031 | 波科加马湖大坝 | Pokegama Lake Dam | 1884 | 5.2 | 0.148 |
| 4485 | 奥特泰尔水电站 | Ottertail Power Dam | 1907 | 10.1 | 0.006 |
| 5738 | 19 号闸坝 | Lock&Dam19 | 1913 | 19.2 | 0.360 |
| 6059 | 利特尔福尔斯坝 | Little Falls Dam | 1914 | 9.1 | 0.006 |
| 6073 | 库恩急流大坝 | Coon Rapids Dam | 1913 | 10.7 | 0.002 |
| 6084 | 布兰丁大坝 | Blandin Dam | 1916 | 6.4 | 0.005 |
| 6089 | 19 号闸坝 | Lock&Dam1 | 1917 | 17.1 | 0.011 |
| 8066 | 克努森大坝 | Knutson Dam | 1929 | 2.7 | 0.131 |
| 8086 | 布兰查德大坝 | Blanchard Dam | 1925 | 14.0 | 0.020 |
| 9810 | 15 号闸坝 | Lock&Dam15 | 1934 | 12.5 | 0.037 |
| 10000 | 5 号闸坝 | Lock&Dam5 | 1935 | 13.1 | 0.131 |
| 10856 | 4 号闸坝 | Lock&Dam4 | 1935 | 12.8 | 1.083 |
| 10948 | 2 号闸坝 | Lock&Dam2 | 1931 | 12.8 | 0.971 |
| 11243 | 17 号闸坝 | Lock&Dam17 | 1939 | 14.3 | 0.062 |
| 11244 | 18 号闸坝 | Lock&Dam18 | 1937 | 12.5 | 0.111 |
| 11245 | 11 号闸坝 | Lock&Dam11 | 1937 | 13.1 | 0.210 |
| 11246 | 13 号闸坝 | Lock&Dam13 | 1939 | 13.4 | 0.237 |
| 11247 | 12 号闸坝 | Lock&Dam12 | 1938 | 13.4 | 0.113 |
| 11248 | 16 号闸坝 | Lock&Dam16 | 1937 | 10.4 | 0.109 |
| 11250 | 14 号闸坝 | Lock&Dam14 | 1939 | 11.9 | 0.101 |
| 11323 | 10 号闸坝 | Lock&Dam10 | 1937 | 13.1 | 0.262 |
| 11723 | 24 号闸坝 | Lock&Dam24 | 1940 | 23.2 | 0.155 |
| 11727 | 20 号闸坝 | Lock&Dam20 | 1936 | 11.3 | 0.072 |
| 11729 | 22 号闸坝 | Lock&Dam22 | 1938 | 9.8 | 0.099 |
| 11754 | 3 号闸坝 | Lock&Dam3 | 1938 | 13.4 | 1.369 |
| 11760 | 7 号闸坝 | Lock&Dam7 | 1937 | 12.5 | 0.130 |
| 11769 | 25 号闸坝 | Lock&Dam25 | 1939 | 22.9 | 0.217 |
| 11770 | 21 号闸坝 | Lock&Dam21 | 1938 | 14.6 | 0.076 |

续表

| NID 序号 | 大坝中文名称 | 大坝英文名称 | 建成年份 | 坝高/m | 库容/km³ |
|---|---|---|---|---|---|
| 11818 | 5A 号闸坝 | Lock&Dam5A | 1936 | 14.0 | 0.321 |
| 13551 | 9 号闸坝 | Lock&Dam9 | 1937 | 14.0 | 0.580 |
| 13641 | 6 号闸坝 | Lock&Dam6 | 1936 | 12.2 | 0.222 |
| 13642 | 8 号闸坝 | Lock&Dam8 | 1937 | 12.8 | 0.321 |
| 17964 | 波特拉奇大坝 | Potlatch Dam | 1950 | 6.3 | 0.016 |
| 27030 | 圣安东尼瀑布下闸坝 | St Anthony Falls Lower Lock&Dam | 1956 | 17.7 | 0.001 |
| 33361 | 27 号闸坝 | Lock&Dam27 | 1962 | 7.6 | 0.000 |
| 36281 | 圣安东尼瀑布下闸坝 | St Anthony Falls Lower Lock&Dam | 1963 | 28.3 | 0.006 |
| 36921 | 萨特尔大坝 | Sartell Dam | 1964 | 14.0 | 0.019 |
| 52327 | 圣克劳德大坝 | St Cloud Dam | 1972 | 7.1 | 0.003 |
| 67087 | 26 号闸坝 | Locks&Dam26 | 1990 | 23.5 | 0.294 |

## 3.2.5 人口

2020 年,密西西比河流域人口分布呈现西部低、中部和东部偏高的区域格局(图 3-53)。其中,田纳西流域的人口总数最低,占全密西西比河流域人口总数的 6%;其次为密西西比河下游流域,占全密西西比河流域人口总数的 9%(图 3-54)。然而,密西西比河上游流域和俄亥俄流域的人口总数最高,均占全流域人口总数的 29%(图 3-54)。

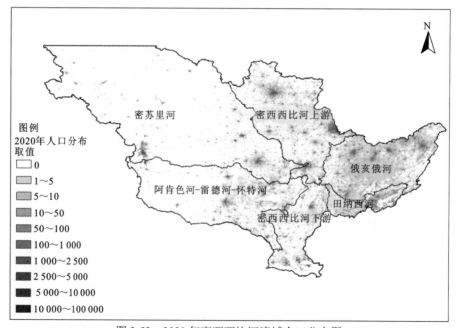

图 3-53　2020 年密西西比河流域人口分布图

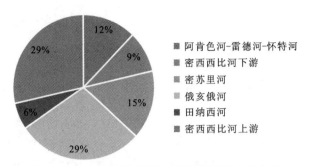

图 3-54　2020 年密西西比河流域各区域人口占比

2001～2016 年，密西西比河流域人口总数呈增加趋势，从 2001 年的 8 026 万人，增长到 2016 年的 8 736 万人，增加了约 710 万人（图 3-55）。2001～2016 年，各流域人口均呈增长趋势。其中，密苏里河流域和俄亥俄河流域人口增长较多，分别增加了 239 万人和 164 万人；其次为密西西比河上游流域，增加了 114 万人（图 3-56）。

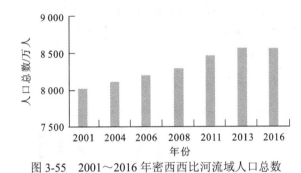

图 3-55　2001～2016 年密西西比河流域人口总数

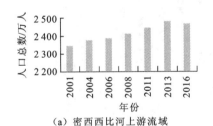

（a）密西西比河上游流域

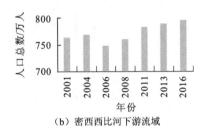

（b）密西西比河下游流域

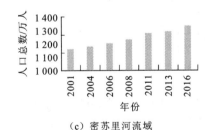

（c）密苏里河流域

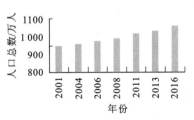

（d）阿肯色河-雷德河-怀特河流域

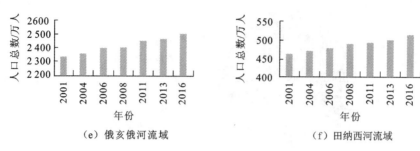

（e）俄亥俄河流域　　　　　（f）田纳西河流域

图 3-56　2001~2016 年密西西比河流域各区域人口总数

## 3.2.6　渔业捕捞

### 1. 商业捕捞

密西西比河干流专业捕捞人数在 20 世纪 90 年代~21 世纪 10 年代呈逐年下降趋势（图 3-57）。4 号池江段的专业捕捞人数最少，为 59~74 人，6 号池江段的专业捕捞人数最多，为 213~269 人（图 3-57）。

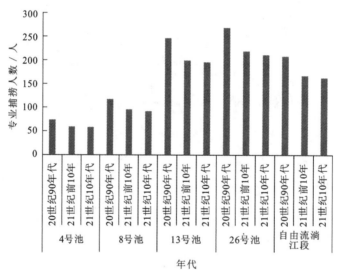

图 3-57　密西西比河干流各江段专业捕捞人数

### 2. 休闲渔业

休闲渔业是美国最受欢迎的户外娱乐活动之一（图 3-58）。2020 年，跑步活动是美国 6 岁及以上人群最喜爱的户外活动，共有 6 375 万人参与。第二受欢迎的户外活动是徒步旅行活动，约有 5 781 万人参加。2020 年，大约有 5 500 万美国人参与淡水、盐水和飞钓的休闲渔业活动，这是十多年来休闲渔业参与率最高的一年（图 3-58）。

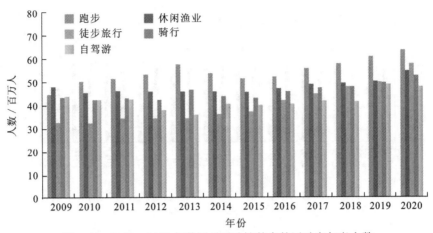

图 3-58　2009～2020 年美国最受欢迎的户外活动参与者人数

根据美国海岸警卫队的数据，2016 年，美国注册的休闲船舶不到 1 200 万艘。船舶注册数量从 1980 年的 858 万艘开始稳步增长，2005 年达到 1 294 万艘的峰值，之后逐渐开始下降。休闲划船是指以休闲为目的来使用船舶。2020 年，美国注册船约为 1 184 万艘，低于前一年的 1 188 万艘（图 3-59）。2014 年，8 730 万美国成年人参加了休闲划船活动。在美国，冲锋舟是人气最高的休闲类船舶。冲锋舟通常是一种小型的船，在船的外部装有发动机。虽然它们是最常见的使用类型，但自 2000 年以来，美国每年出售的冲锋舟数量显著下降。2013 年，约有 13.5 万艘冲锋舟被售出，平均单价为 2.2 万美元。2000～2013 年，平均单价明显上升，这可能是冲锋舟销量下降的原因。

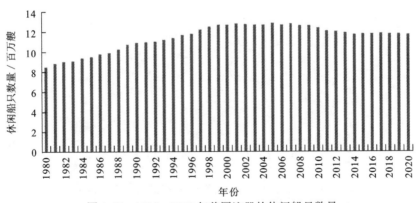

图 3-59　1980～2020 年美国注册的休闲船只数量

2021 年，美国约有 3 932 万份捕鱼许可证、标签、许可证和印章，高于前一年的 3 849 万份（图 3-60）。2021 年，美国约有 2 924 万付费捕鱼许可证持有者，低于前一年的 2 929 万人（图 3-60）。

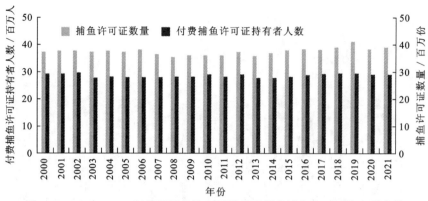

图 3-60　2000～2021 年美国捕鱼许可证数量及付费捕鱼许可证持有者人数

## 3.2.7　其他压力因子

本书以密苏里州的采砂情况为例。在密苏里州，砾石主要来自梅拉梅克河（Meramec River），沙子通常产自密苏里河和密西西比河。从历史上看，圣路易斯市、杰斐逊城（Jefferson City）、富兰克林郡（Franklin Country）和圣查尔斯县（Saint Charles Country）的累计总产量占密苏里州砂石总产量（包括工业用沙）的近 70%。目前，密苏里州 114 个县中有 58 个县是建筑用沙和砾石的活跃生产商。密苏里州在 2006 年生产了近 1 542 万 t 的建筑用沙和砾石，创历史新高（图 3-61）。2010 年，密苏里州生产了近 1 089 万 t 建筑用沙和砾石（图 3-62），每短吨建筑用沙和砾石的价格超过 6 美元（图 3-62），生产总价值超过 7 300 万美元（图 3-63）。

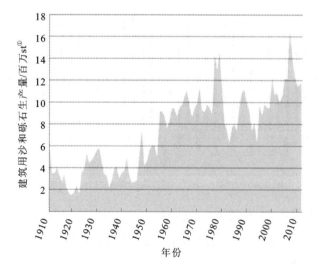

图 3-61　密苏里州建筑用沙和砾石生产量

---

① 1 st = 0.9 t。

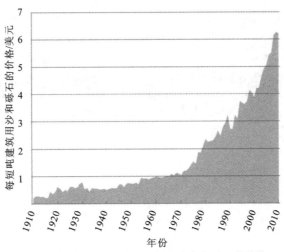

图 3-62　密苏里州每短吨建筑用沙和砾石的价格

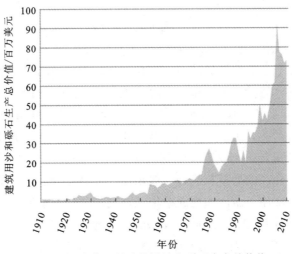

图 3-63　密苏里州建筑用沙和砾石生产总价值

扫一扫，看本章彩图

# 第 4 章
# 生物资源保护与生境修复

## 4.1 长 江

### 4.1.1 政策法令

20 世纪 50 年代以来，我国在长江流域的环境保护和修复方面做出了巨大努力，尤其是对于渔业资源的保护与修复（图 4-1）。20 世纪 50～70 年代，提供富含蛋白质的水产品是长江的一大主要生态服务。20 世纪 70 年代以来，葛洲坝大坝建设后，洄游鱼类（如"四大家鱼"、中华鲟等）的保护开始受到更多的关注。然而，我国的第一部渔业法直到 1986 年才颁布，而关于长江流域的第一部渔业法是在 1988 年颁布的。2002 年，长江中下游试行了休渔政策。2003 年，休渔政策正式实施，休渔政策成为我国海洋休渔后全国内河水域的一项重要国家政策。自 2006 年以来，在实施水生生物资源保护计划后，我国开展了涉及多种鱼类的增殖放流。一般来说，放养是为了商业收获或恢复濒危及特有物种。例如，在长江中下游湖泊内的中华绒螯蟹和"四大家鱼"。同时通过增殖放流中华鲟、长江鲟、胭脂鱼（*Myxocyprinus asiaticus*）等保护物种，以恢复珍稀物种的野生种群数量。2015 年以来，我国先后实施中华鲟、江豚、长江鲟等 3 个长江旗舰物种救援行动计划。2017 年以来，长江上游的一条支流（赤水河）实施了长期禁渔令，随后扩大到整个流域的 332 个自然和种质保护区域。为保护中华绒螯蟹等 3 个洄游物种的野生种群和遗传种质资源，2018 年底停止发放从 2002 年开始发放的中华绒螯蟹特别捕捞许可证。2019 年 12 月，农业农村部在官网发布了《农业农村部关于长江流域重点水域禁捕范围和时间的通告》，宣布从 2021 年 1 月 1 日 0 时起开始实施长江十年禁渔计划。通告称，长江干流和重要支流除水生生物自然保护区和水产种质资源保护区以外的天然水域，最迟自 2021 年 1 月 1 日 0 时起实行暂定为期 10 年的常年禁捕，其间禁止天然渔业资源的生产性捕捞。2020 年 12 月 26 日，中华人民共和国第十三届全国人民代表大会常务委员会第二十四次会议通过《中华人民共和国长江保护法》，自 2021 年 3 月 1 日起施行。《中华人民共和国长江保护法》旨在加强长江流域生态环境保护和修复，促进资源合理高效利用，保障生态安全，实现人与自然和谐共生、中华民族永续发展。

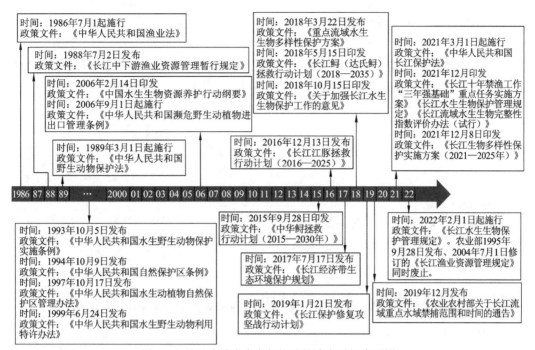

图 4-1　长江流域水生态保护政策法令时间序列图

## 4.1.2　渔业捕捞管理

在长江大保护实践中，除了努力减少水质污染等措施外，禁渔是保护长江生物多样性最直接的抓手（图 4-2）。为了保护长江渔业资源和生物多样性，2002 年起，农业部开始在长江中下游试行为期 3 个月的春季禁渔。2003 年起，长江禁渔期制度全面实施，共涉及长江流域 10 个省（自治区、直辖市），8 100 多千米江段。禁渔范围为云南省德钦县以下至长江口的长江干流、部分一级支流和鄱阳湖区、洞庭湖区。葛洲坝以上水域禁渔时间为每年 2 月 1 日~4 月 30 日，葛洲坝以下水域禁渔时间为每年 4 月 1 日~6 月 30日，禁止所有捕捞作业。2016 年，禁渔范围扩大，覆盖了长江主要干支流和重要湖泊。长江主要干支流和重要湖泊及淮河干流全面推行禁渔期制度，禁渔时间从之前的 3 个月延长到 4 个月。2017 年 1 月 1 日，赤水河开始实施为期 10 年的禁渔政策，禁渔范围为四川省合江县赤水河河口以上全部天然水域。2018 年 1 月 1 日起，在长江上游珍稀特有鱼类国家级自然保护区等 332 个水生生物保护区（包括水生动植物自然保护区和水产种质资源保护区）逐步施行全面禁捕。2019 年 2 月 1 日起，农业农村部停止发放刀鲚[（*Coilia ectenes*），又称长江刀鱼]、凤鲚（凤尾鱼）、中华绒螯蟹（河蟹）专项捕捞许可证，禁止上述 3 种天然渔业资源的生产性捕捞。农业部于 2002 年 2 月 8 日发布的《长江刀鲚凤鲚专项管理暂行规定》同时废止。从 2020 起，农业农村部对 332 个长江流域水生生物保护区实施全面禁捕。2021 年 1 月 1 日起，长江"十年禁渔"正式启动，禁渔范围为长江干流和重要支流除水生生物自然保护区和水产种质资源保护区以外的天然水域。此外，

2021～2022 年，农业农村部把长江禁捕退捕作为重大政治任务，按照"一年起好步、管得住，三年强基础、顶得住，十年练内功、稳得住"要求，先后印发了《长江十年禁渔工作"三年强基础"重点任务实施方案》《长江生物多样性保护实施方案（2021—2025年）》《长江水生生物保护管理规定》等方案和规定，从政策层面为长江禁捕搭建三年、五年、十年的政策框架。

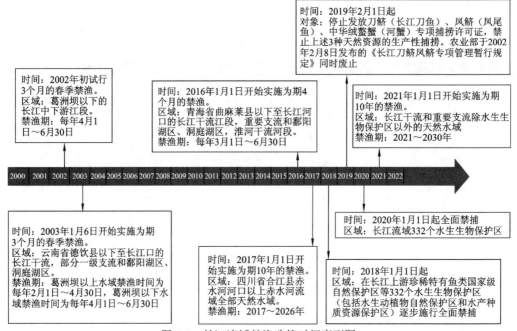

图 4-2　长江流域禁渔政策时间序列图

持续监测显示，2017 年率先实施全面禁捕的长江上游一级支流赤水河，现在鱼类资源明显恢复，多样性水平逐步提升，特有鱼类种类数由禁捕前的 32 种上升至 37 种，资源量达到禁捕前的 1.95 倍。鄱阳湖、洞庭湖、湖北宜昌和长江中下游江段江豚群体出现的频率明显增加，20 年未见的鳤（*Ochetobius elongatus*）在洞庭湖被重新监测到，刀鲚现在能够上溯至长江中游和鄱阳湖，且 2019～2020 年鄱阳湖刀鲚单船努力捕捞量较历史数据有显著增加（图 4-3）（吴金明 等，2021b）。多个迹象表明，禁捕一年来，长江水生生物资源状况逐步好转，长江禁捕效果初步显现。

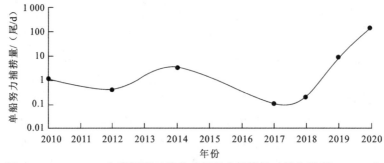

图 4-3　2010～2020 年鄱阳湖刀鲚的单船努力捕捞量（吴金明 等，2021b）

### 4.1.3　栖息地保护

#### 1. 自然保护区

自然保护区作为最重要的"绿色生态工程"，对合理利用自然资源、保存自然历史产物、改善人类环境及促进生态文明建设均有重要的意义。自然保护区的建立在一定程度上对生物多样性、当地生态系统及某些极濒危和孑遗物种的保护起到了一定的积极作用。截至 2019 年，长江流域共有国家自然保护区约 102 处，省级自然保护区约 214 处，市县级自然保护区约 395 处，水生动植物自然保护区约 38 处（图 4-4、图 4-5）。

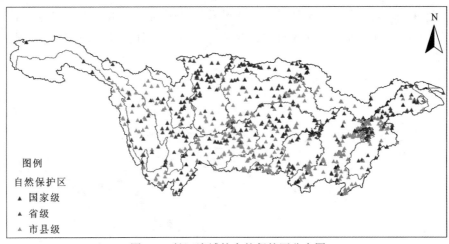

图 4-4　长江流域的自然保护区分布图

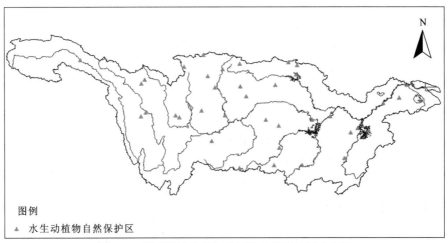

图 4-5　长江流域的水生动植物自然保护区分布图

#### 2. 水产种质资源保护区

水产种质资源保护区是保护水产种质资源及其栖息地、保护生物多样性的重要措施,具有重要的生态服务价值。国家级水产种质资源保护区的建立有利于保护特有鱼类物种的产卵、索饵、越冬及洄游通道等重要生态场所,对于遏制水域生态恶化趋势、增强生物多样性保护能力具有重要的意义。水产种质资源是我国渔业生产的重要物质基础和人类重要的食物蛋白来源。作为生物多样性的重要组成部分,水产种质资源对于保护国家生态安全及开展相关科学研究起着至关重要的作用。当前,生物遗传资源的拥有量和研发利用程度,特别是水产种质资源,已成为衡量国家可持续发展能力和综合国力的重要指标之一。然而,由于人口急剧增长和不合理的资源开发活动,对水生生物及其生态系统造成了巨大冲击,导致许多生物种群濒临灭绝,种质资源也在逐渐减少。长江流域的水生生物资源目前正处于严重衰退状态。因此,加强目前位于长江中下游流域的自然保护区及水产种质资源保护区的建设和管理成为保护水产种质资源最有效和直接的方法。截至 2019 年,长江流域已经建立了大约 222 处国家级水产种质资源保护区(图 4-6)。

图 4-6　长江流域国家级水产种质资源保护区分布图

### 3. 湿地

截至 2021 年 11 月,中国境内已指定国际重要湿地 64 处,包括内地 63 处,香港 1 处。长江流域共有国际重要湿地 18 处(图 4-7)。

## 4.1.4　增殖放流

早在 21 世纪以前,长江流域就开展了鱼类人工增殖放流活动。2002 年 6 月 9 日,湖北省、湖南省、甘肃省、安徽省、江苏省、上海市六省(直辖市)于春季在长江中下游放流了超 6 000 kg 的"四大家鱼"、5 万只河蚌和 20 000 尾长吻鮠(*Leiocassis longirostris*)鱼苗。这是中国首次在长江举行的大规模渔业资源增殖放流活动(张兴忠,2002)。中国

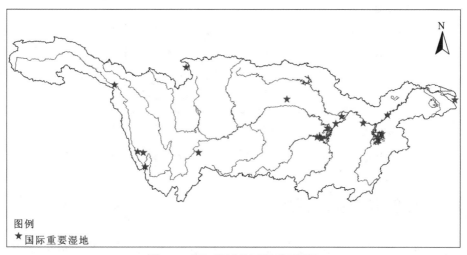

图 4-7　长江流域的国际重要湿地

水产科学研究院东海水产研究所从 2001 年开始向长江口放流巨大牡蛎,使其在河口形成自然牡蛎礁生态系统,并具有净化水中营养盐和重金属的作用。中国水产科学研究院东海水产研究所从 2004 年开始向长江口放流中华绒螯蟹,并使其资源量从 2003 年的 0.5 t 增长到 2011 年的 31.2 t(王海华 等,2019;刘凯 等,2007)。2016~2019 年,长江中下游区累计投入放流资金 6.3 亿元,投放苗种 134.3 亿单位(粒),共放流 72 种水生生物,其中共放流 9 种珍稀濒危物种(图 4-8、图 4-9)(张照鹏 等,2021)。放流物种资金占比最多的是广布种,其次分别为其他未列入指导意见的物种、珍稀濒危物种、区域种、海洋种。放流物种的功能定位是以渔民增收为主,其次是以生物净水、保护生物多样性、种群修复及保护特有鱼类为目的(张照鹏 等,2021)。2020 年 6 月 10 日,农业农村部长江流域渔政监督管理办公室根据《水生生物增殖放流管理规定》,结合长江流域重点水域禁捕工作目标任务,进一步规范了长江流域水生生物增殖放流工作,从而印发了《关于进一步规范长江流域水生生物增殖放流工作的通知》(长渔发〔2020〕10 号)。

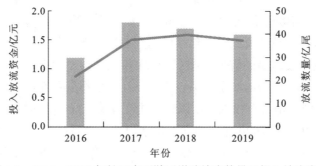

图 4-8　2016~2019 年长江中下游区增殖放流数量及投入放流资金

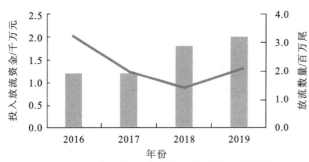

图4-9　2016～2019年长江中下游区珍稀濒危物种放流总数量和投入放流资金

## 4.1.5　生态鱼道和生态调度

在过去的几十年里，中国在过鱼设施建设方面起步较晚。第一座鱼道是在1960年建成的，位置在黑龙江兴凯湖附近。从20世纪60～80年代，中国共建成了40多座过鱼设施。然而，自20世纪80年代以来，随着中国水利事业的快速发展，天然渔业资源退化问题严重，一些水生物种甚至濒临灭绝。因此，人们对过鱼设施建设的重要性有了更深入的认识。进入21世纪，大量过鱼设施已经建成并开始运行，同时还有许多计划中的设施（伍铭杰和诸韬，2018）。

2021年，长江干流第一条鱼道——金沙水电站鱼道建成投用，全长约1 456 m。金沙水电站位于金沙江中游攀枝花西区河段，是金沙江中游十级水利枢纽规划的第九级。根据金沙江中下游鱼类资源历史资料，结合近年来该河段调查采集的鱼类及其分布特点，综合考虑《金沙江中游河段水电规划环境影响评价及对策研究报告》和《金沙江观音岩水电站水生生态影响评价专题报告》提出的保护对象，以梯级电站建设后环境变化的影响为依据，金沙水电站鱼道以胭脂鱼、圆口铜鱼（*Coreius guichenoti*）、长薄鳅（*Leptobotia elongata*）、长鳍吻鮈（*Rhinogobio ventralis*）、岩原鲤（*Procypris rabaudi*）、鲈鲤（*Percocypris pingi pingi*）、四川白甲鱼（*Onychostonua asima*）、泉水鱼（*Pseudogyrinocheilus procheilus*）8种鱼类为主要过鱼对象。金沙水电站鱼道运行监测结果显示，鱼道方案合理可行，运行效果良好，适合大部分洄游习性鱼类（杨俊锋和张菡，2022）。金沙水电站鱼道的建成投运，将对保持金沙江中游流域生态连续性起到积极的促进作用，也可为设计、建设类似水力发电站的过鱼设施提供借鉴。同时，2021年投产发电的金沙江白鹤滩水电站也专门为鱼类修建了1 486 m长的洄游通道。长江设计院枢纽院通航与过鱼设计部监测结果显示，金沙江白鹤滩水电站自投入使用以来，过鱼效果良好，平均每月过鱼量超过3 600尾。此外，中国三峡集团2020年完成乌东德水电站集鱼系统建设，2021年正式启动运行试验。截至2021年7月5日，乌东德水电站集鱼运输系统共采集到圆口铜鱼、长鳍吻鮈、细鳞裂腹鱼（*Schizothorax chongi*）、岩原鲤、长薄鳅等45种鱼类；2021年累计集鱼数为10 322尾，最大单日集鱼数为1 914尾。

三峡水库自2011年起连续十年开展了14次水库生态调度试验，促进了长江中下游

"四大家鱼"等产漂流性卵鱼类的繁殖活动（李博 等，2021；徐薇 等，2020）。中国长江三峡集团有限公司自 2017 年起，每年 5～6 月在条件成熟时进行生态调度试验。2017 年调度期间，各监测断面均出现产卵高峰，其中调度后产量增幅最大的为江津江段鱼类产卵量，每平方千米鱼卵可达 150 万粒，较开展生态调度前增加了 30%（任玉峰 等，2020）。2018 年调度期间及结束后产卵量呈明显上升趋势，其中向家坝下游宜宾段鱼卵达 300 万粒、纳溪段 700 万粒、江津段 1.73 亿粒（谢汝亮 等，2019）。2019 年实施生态调度后，"四大家鱼"在江津断面的产卵量达到 570 万粒。2021 年，长江水利委员会联合农业农村部长江流域渔政监督管理办公室、中国长江三峡集团有限公司、国家电网有限公司等单位，结合水库汛前消落情况，进行了 9 次生态调度试验。其中，三峡水库于 4 月中旬至 5 月初进行了三次生态调度试验，促进库区产黏沉性卵鱼的自然繁殖；调度三峡水库 5 月底至 6 月开展了 2 次生态调度试验，促进坝下游产漂流性卵鱼的自然繁殖；1～3 月进行了乌东德、溪洛渡水电站分层取水实验，缓解了低温水下泄冲击；为抑制伊乐藻等沉水植物在汛前大量繁殖，还开展了 2 次丹江口—王甫洲区间的生态调度试验（金兴平，2022）。

## 4.1.6 珍稀特有物种的保护

### 1. 白鱀豚

由于白鱀豚种群数量的急剧减少，其保护问题一直受到我国政府及社会各界的广泛关注（图 4-10）。1980 年，中国科学院水生生物研究所始建白鱀豚馆。白鱀豚馆是一座集科学研究、科学普及、环保教育和鲸豚繁殖保护于一体的综合性鲸豚水族馆。该馆始建于 1980 年，在 1992 年重建，占地面积约 2.5 万 $m^2$，由主养厅、繁殖厅、动物生命支撑系统、实验楼和标本馆组成。该馆于 2000 年被列为"武汉市科普教育基地"。1980 年该

图 4-10 白鱀豚的主要保护措施时间序列图

馆成功救活了一头严重受伤的白鱀豚"淇淇",并成功将其饲养了22年之久,创造了世界淡水豚人工饲养纪录。1988年,白鱀豚被列为国家一级保护动物。1989年,《中华人民共和国野生动物保护法》实施。1992年,建立湖北长江天鹅洲白鱀豚国家级自然保护区;同年建立长江新螺段白鱀豚国家级自然保护区,保护区主要保护对象是中国一级保护野生水生动物白鱀豚。2001年农业部在上海召开专门会议讨论长江豚类的保护措施,并通过了《中国白鱀豚江豚保护行动计划》。2002年,世界上唯一人工饲养的白鱀豚"淇淇"去世。2006年,白鱀豚被宣布功能性灭绝。2018年,白鱀豚被IUCN列为"极危"。

## 2. 江豚

江豚保护主要有就地保护、迁地保护和人工繁育3种渠道。党的十八大以来,随着长江经济带生态环境保护发生转折性变化,长江江豚保护措施、机制不断完善(图4-11)。2016年12月,农业部印发了《长江江豚拯救行动计划(2016—2025)》,提出"基本维持干流和两湖长江江豚自然种群相对稳定,自然种群的衰退速度明显下降"等目标。2018年7月,农业农村部发布的长江江豚科学考察情况显示,长江江豚数量约为1 012头,极度濒危状况虽仍未改变,但种群数量大幅下降趋势得到遏制。2018年9月,国务院办公厅印发了《关于加强长江水生生物保护工作的意见》,提出"实施以中华鲟、长江鲟、长江江豚为代表的珍稀濒危水生生物抢救性保护行动"(图4-11)。

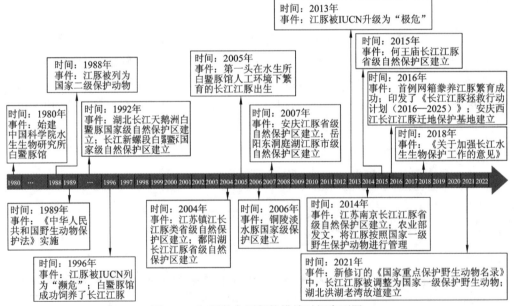

图4-11 江豚的主要保护措施时间序列图

1988年,江豚被列为国家二级保护动物。1996年,白鱀豚馆成功饲养了长江江豚,并于2005年成功繁殖了1头长江江豚。2016年,长江天鹅洲白鱀豚国家级自然保护区首例网箱豢养江豚繁育成功。截至2019年,我国一共有4头在圈养下出生并存活的长江江豚,它们分别是:2005年5月7日,中国科学院水生生物研究所白鱀豚馆出生的"淘淘"；2016 年 5 月 22 日，长江天鹅洲白鱀豚国家级自然保护区网箱出生的"贝贝"；2018 年 6 月 2 日，中国科学院水生生物研究所白鱀豚馆出生的"F7C"；2019 年 6 月 11日，中国科学院水生生物研究所白鱀豚馆出生的"F9C"。其中，只有"F9C"是在全人工水池环境里出生的第二代长江江豚，它的父本是圈养繁殖的个体（淘淘）。2020 年，第一头第二代长江江豚"YYC"于白鱀豚馆出生。2022 年，于 2011 年从鄱阳湖迁入中国科学院水生生物研究所白鱀豚馆的"福久"在白鱀豚馆生育了"F9C22"。

此外，江豚濒危保护等级也逐年上升（图 4-11）1996 年，江豚被 IUCN 列为"濒危"。2013 年，江豚被 IUCN 升级为"极危"。2014 年农业部发文，将长江江豚按照国家一级野生保护动物进行管理。2021 年，在新修订的《国家重点保护野生动物名录》中，长江江豚被调整为国家一级保护野生动物。

随着国家对长江江豚保护的不断重视，保护长江江豚的机构在不断增加，不仅有科研机构、保护区部门等，也有很多非政府组织、江豚保护协会、民间组织等加入长江江豚保护的行列中。其中，科研机构主要有中国科学院水生生物研究所、中国水产科学研究院淡水渔业研究中心、南京师范大学、安庆师范大学等；其他社会力量有武汉白鱀豚保护基金会、世界自然基金会、岳阳江豚保护协会、南京江豚保护协会、扬州市江豚保护协会等。在对长江江豚的研究中，中国科学院水生生物研究所做得最为系统，其在 20世纪七八十年代就开始了这方面的工作，研究内容涉及了长江江豚的种群评估、生态习性、生理生化、水声学、行为学等；南京师范大学同样做了大量的基础研究工作，目前已经完成了白鱀豚和长江江豚的全基因组测序。自 2012 年以来，长江沿线先后成立了20 多家以保护长江江豚为主题的地方公益性环保组织，持续不断地投入资源，进行江豚保护宣传和野外巡护，对渔政和水生野生动物保护工作形成了一定程度上的补充。

（1）就地保护和迁地保护。中国高度重视长江江豚保护。自 20 世纪 80 年代起，逐步探索了就地保护、迁地保护、人工繁育三大保护策略。1992 年，湖北长江天鹅洲白鱀豚国家级自然保护区建立；长江新螺段白鱀豚国家级自然保护区建立。2004 年，江苏镇江长江豚类省级自然保护区和鄱阳湖长江江豚省级自然保护区建立。2006 年，铜陵淡水豚国家级自然保护区建立。2007 年，安庆江豚省级自然保护区和岳阳东洞庭湖江豚市级自然保护区建立。2014 年，南京长江江豚省级自然保护区建立。2015 年，何王庙长江江豚省级自然保护区建立。2016 年，安庆西江长江江豚迁地保护基地建立。2021 年，湖北洪湖老湾故道江豚迁地保护区建立。

迁地保护，即选择一些生态环境与长江相似的水域建立迁地保护地，是当前保护长江江豚最有效的措施之一。至今，中国已建立 5 个迁地保护地，迁地群体总量超过 150头。成立于 1992 年 10 月的湖北长江天鹅洲白鱀豚国家级自然保护区是我国首个长江豚类迁地保护区。保护区位于湖北荆州石首市，辖 89 km 长江石首江段和 21 km 天鹅洲原长江水道，总面积 217.7 km$^2$。截至 2021 年 4 月，天鹅洲长江故道江豚种群数量从最初的 5 头增至 101 头。近年来，天鹅洲保护区还向湖北洪湖老湾故道、安徽安庆西江等江豚迁地保护区和保护场所输出江豚 24 头，成为长江江豚迁地保护种源输出的重要基地。

长江江豚迁地保护的根本目标是为野外长江江豚的种群恢复提供帮助，也就是将迁地保护的江豚释放到野外栖息地，补充野外种群。目前，人工饲养的长江江豚通过科学的逆向适应驯化后可以再次适应自然环境。2011年4月，中国科学院水生生物研究所首次开展了长江江豚的软释放工作。一头名为"阿宝"的雄性江豚被选中，成为这次软释放的主角。阿宝于2004年从天鹅洲故道来到白鱀豚馆，在人工饲养环境中于中国科学院水生生物研究所生活了近7年。通过食性驯化、捕食行为重建、群体行为塑造和环境适应等系列操作，历时4个月，中国科学院水生生物研究所成功将其放归天鹅洲故道。在2015年天鹅洲长江江豚种群调查中，中国科学院水生生物研究所再次与阿宝相逢。此时的阿宝依然身体健康，子孙满堂。通过研究鉴定，阿宝2011年回到保护区后又至少产生了2个子代，加上阿宝2004年离开保护区之前繁育的3个子代至少给它生了10个孙子（女）和2个曾孙，它已经实现了四世同堂。

（2）人工饲养和繁育。在中国科学院水生生物研究所白鱀豚馆，中国科学院水生生物研究所从1996年开始尝试长江江豚的人工饲养和繁育。通过系列的繁殖生物学研究，对长江江豚的个体生长、能量需求、性腺发育周期、分娩护理、精子发生和冷冻保存等有了新的认识：长江江豚不同季节的营养需求存在显著差别；妊娠期是12个月左右；分娩时长约2 h，会发生头胎位；哺乳期约6个月，前3个月完全依赖母乳，3～6个月是混合营养期；雄性性腺在4岁左右发育成熟，体长大于133 cm；全年都可交配，交配高峰期是3～9月；是典型的混交制等。

中国科学院水生生物研究所结合对长江江豚人工饲养环境的控制和管理经验，建立和发展了营养调配、水质监控、社群管理、谱系记录、妊娠监测、孕期和分娩护理等系列技术，并成功实现了长江江豚人工繁育（图4-12、图4-13）。2005年，第一头在中国科学院水生生物研究所白鱀豚馆人工环境下繁育的长江江豚出生，到2022年已经17岁。随后，在白鱀豚馆还实现了多次成功的繁殖。更可喜的是，第一头在白鱀豚馆出生的长江江豚还参与了第二代的繁殖。2008年，利用在天鹅洲保护区冰灾中救护的两头江豚，中国科学院水生生物研究所科研人员在保护区网箱内开展了长江江豚的人工繁育研究。2015年5月，首次实现了网箱内的自然繁殖成果，小江豚健康成长至今。2020年5月，网箱内又出生了一头江豚。

图4-12　2007年中国科学院水生生物研究所白鱀豚馆第二头长江江豚出生

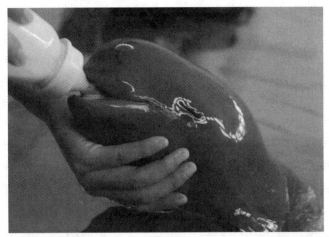

图 4-13　中国科学院水生生物研究所白鱀豚馆训练员正在给新生的幼豚喂奶补充体能

　　长江江豚的人工繁殖技术取得了较好成果，为长江江豚的保种提供了重要技术支撑。当前，在天鹅洲故道中迁地保护长江江豚的种群数量超过 100 头。其他几处迁地保护水域的长江江豚数量逐年增加，加上人工繁殖群体，整体上长江江豚的保种种群数量已达 160 余头，且种群健康状况和持续发展势头良好，为长江江豚的保护提供了坚实保障。

### 3. 白鲟

　　1988 年，白鲟被列为国家一级保护动物。1994 年以后，在长江中、下游均没有发现白鲟，仅在长江上游误捕到数尾。白鲟亲本获取极端困难，人工繁殖未获成功，几尾在野外捕获的白鲟在饲养过程中都因养殖条件与水质恶化等问题而死亡，且从未同时捕到雄性和雌性白鲟。2003 年，科研人员于四川省宜宾市南溪区长江江段最后一次捕捞到一尾白鲟。2009 年，白鲟的濒危级别被 IUCN 升级为"极危"。2019 年，白鲟的濒危级别被 IUCN 宣布灭绝（图 4-14）。

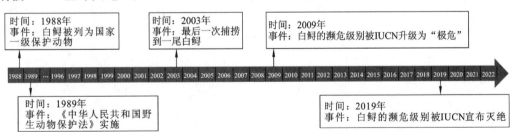

图 4-14　白鲟主要保护措施时间序列图

### 4. 中华鲟

　　我国采取了一系列保护措施进行中华鲟的种群保护（图 4-15）。1983 年，实施了中华鲟的禁捕计划/行动。1989 年，《中华人民共和国野生动物保护法》实施。2015 年，《中华鲟拯救行动计划（2015—2030 年）》颁布。2020 年，全国中华鲟保护联盟年度工作会议决定将每年 3 月 28 日定为"中华鲟保护日"。1996 年，宜昌中华鲟保护区（省级）

建立。2000 年，东台中华鲟自然保护区（省级）建立。2002 年，上海市市政府批复建立上海市长江口中华鲟自然保护区（市级）。中国长江三峡集团有限公司中华鲟研究所于1992 年和 1995 年分别成功实现人工繁殖子一代雄鱼和子一代雌鱼。1997 年，中华鲟苗种规模化培育技术取得突破。2000 年，中华鲟活体无创伤采卵技术取得突破。2005 年，获得了中华鲟子二代"雌鱼"个体。2009 年，成功突破中华鲟二代全人工繁育技术，实现了子一代中华鲟在淡水人工环境下的性腺发育成熟，获得了中华鲟子二代"雄鱼"个体。2021 年，子二代雄性中华鲟性成熟并进入繁育序列。子一代的母亲和子二代的父亲的人工结合，子 2.5 代中华鲟幼鱼出生。1988 年，中华鲟被列为国家一级保护动物。2010 年，中华鲟的濒危级别被 IUCN 列为"极危"。1984 年，首次实施中华鲟放流活动。1984～2022 年，中国长江三峡集团有限公司中华鲟研究所已连续开展 65 次中华鲟放流活动，累计放流数量近 530 万尾（图 4-16）。

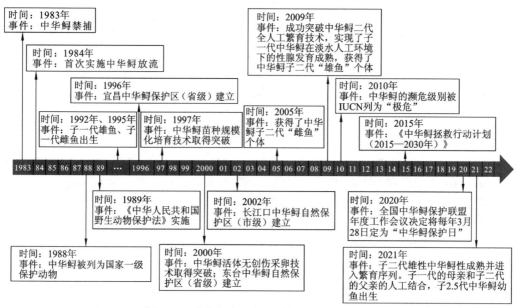

图 4-15　中华鲟主要保护措施的时间序列图

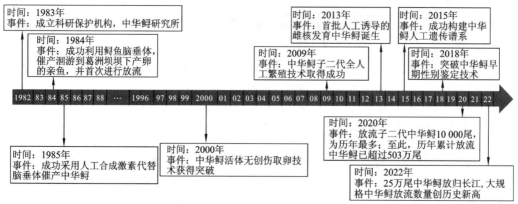

图 4-16　中国长江三峡集团有限公司中华鲟研究所保护中华鲟的时间序列图

5. 长江鲟

长江鲟、中华鲟和白鲟于 1988 年被列入了第一批国家一级重点保护野生动物名录中。非法捕捞仍然给野外长江鲟的种群带来了极其严重的威胁，长江流域频繁的采砂活动也让长江鲟的很多自然栖息地受到了极大且不可逆的破坏（图 4-17）。不仅如此，长江鲟的保护还面临了大坝建设、河道疏浚、航道运行、江水污染、保护措施单一、保护区缺乏、相关人才缺乏、相关部门责任不清等一系列难题。2018 年 5 月，农业农村部印发了《长江鲟（达氏鲟）拯救行动计划（2018—2035）》，而后 2019 年新的《中华人民共和国野生动物保护法》也增加了对野生动物栖息地保护的条款。此外，地方人民政府也为保护长江鲟做出了巨大努力——从 2018 年开始，四川省组织专家团队核查现存长江鲟产卵场和索饵场，科学评估其有效性，并对部分产卵场和索饵场进行修复，提高自然繁殖的效果和规模，并每年放流数百条长江鲟回归长江。2018 年，长江鲟的三代苗种繁育成功。

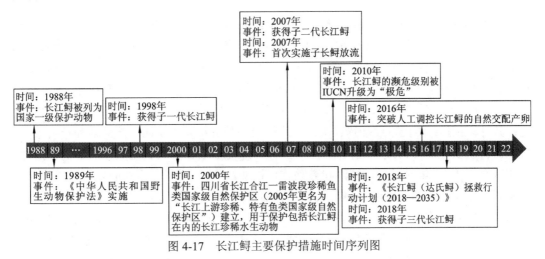

图 4-17　长江鲟主要保护措施时间序列图

## 4.1.7　外来物种的控制

《中华人民共和国生物安全法》于 2020 年 10 月 17 日由中华人民共和国第十三届全国人民代表大会常务委员会第二十二次会议通过，自 2021 年 4 月 15 日起施行。《中华人民共和国生物安全法》第六十条规定：国家加强对外来物种入侵的防范和应对，保护生物多样性。国务院农业农村主管部门会同国务院其他有关部门制定外来入侵物种名录和管理办法。国务院有关部门根据职责分工，加强对外来入侵物种的调查、监测、预警、控制、评估、清除以及生态修复等工作。任何单位和个人未经批准，不得擅自引进、释放或者丢弃外来物种。《中华人民共和国生物安全法》第八十一条规定：违反本法规定，未经批准，擅自引进外来物种的，由县级以上人民政府有关部门根据职责分工，没收引进的外来物种，并处五万元以上二十五万元以下的罚款。违反本法规定，未经批准，擅自释放或者丢弃外来物种的，由县级以上人民政府有关部门根据职责分工，责令限期捕回、找回释放或者丢弃的外来物种，处一万元以上五万元以下的罚款。2021 年 6 月 7 日在第十三届全国人民代表大会常务委员会第二十九次会议上，国务院关于长江流域生态环境保护工作情况的报告提出：长江需持续开展生态修复，强化陆生野生动物疫源疫病监测，防范野生动物致害，加强外来物种风险管控。

# 4.2　密西西比河

## 4.2.1　政策法令

### 1. 联邦法律

美国渔业管理受多项法律指导，包括 Magnuson-Stevens Fishery Conservation and Management Act（《马格努森-史蒂文斯渔业保护和管理法》）、Marine Mammal Protection Act（《海洋哺乳动物保护法》）和 Endangered Species Act（《濒危物种法》）。《马格努森-史蒂文斯渔业保护和管理法》是管理美国联邦水域海洋渔业管理的主要法律。《马格努森-史蒂文斯渔业保护和管理法》于 1976 年首次通过，旨在促进海洋渔业资源的可持续性。其目标包括：防止过度捕捞；重建过度捕捞的种群；提高长期经济效益和社会效益；确保海鲜的安全和可持续供应；保护鱼类产卵、繁殖、喂养和成长至成熟所需的栖息地。美国国会于 1972 年通过了《海洋哺乳动物保护法》，以应对科学家和公众日益关注的由人类活动干扰引起的一些海洋哺乳动物物种显著减少的问题。这是第一个规定以生态系统为基础的海洋资源管理方法的立法。三个联邦实体共同负责实施《海洋哺乳动物保护法》：NOAA 渔业管理处负责保护鲸、海豚、鼠海豚、海豹和海狮；USFWS 负责保护海象、海牛、海獭和北极熊；海洋哺乳动物委员会负责对海洋哺乳动物保护行动进行独立的科学监督。动植物卫生检验局是农业部的一部分，负责根据 Animal Welfare Act（《动物福利法》）对公共展示设施（即水族馆和动物园）的海洋哺乳动物进行管理。所有海洋哺乳动物都受《海洋哺乳动物保护法》保护，有些还受到《濒危物种法》和 Convention on International Trade in Endangered Species of Wild Fauna and Flora（《濒危野生动植物种国际贸易公约》）的保护。

1969 年颁布的 National Environmental Policy Act（《国家环境政策法》）要求联邦机构考虑其主要拟议行动的环境影响，将环境价值纳入其决策过程。其主要目标是促进联邦机构更好地决策，考虑行动的所有环境影响，并让公众参与决策。《国家环境政策法》涵盖的行动范围很广，包括：对许可申请作出决定，采取联邦土地管理行动，建设高速公路和其他公有设施。当 NOAA 渔业部采取联邦行动时，第一件事是确定该行动是否满足《国家环境政策法》的要求。

美国国会于 1966 年通过 Endangered Species Preservation Act（《濒危物种保护法》），这是当前《濒危物种法》的前身，以应对秃鹰种群数量下降的问题。《濒危物种保护法》允许将美国本土的动物物种列为濒危物种，并为所列物种提供联邦保护。美国内政部、美国农业部和美国国防部负责该法律的实施和执行。ESPA 还授权 USFWS 收购土地并建立栖息地以保护濒危物种。1969 年该法案更名为 Endangered Species Conservation Act（《濒危物种保护法案》）。美国国会于 1973 年通过《濒危物种法》，其目的是保护和恢复濒危物种及其赖以生存的生态系统。该法于 1978 年、1982 年和 1988 年进行了修订。《濒危物种法》提供了一个保护受威胁和濒危动植物及其栖息地的计划。USFWS 和 NOAA 渔业管理处（图 4-18 和图 4-19）负责实施《濒危物种法》。《濒危物种法》要求联邦机构与 USFWS 或 NOAA 渔业管理处协商，确保他们授权和资助等行为。《濒危物种法》还禁止任何危及或抓捕濒危鱼类和野生动物的行为，禁止破坏物种关键栖息地，禁止对这些物种进行进出口贸易等。《濒危物种法》授权内政部长向各州拨款，以协助恢复受威胁和濒危物种。该法律还设立了合作濒危物种保护基金，向各州非联邦土地上的自愿项目提供赠款。《濒危物种法》要求各州在联邦政府批准的情况下采用各自的濒危和受威胁物种管理计划。法律要求各州做到以下几点：保护州或联邦政府确定物种为濒危或受威胁的鱼类或野生动物物种；为联邦政府确定为濒危或受威胁的所有鱼类或野生动物制定保护计划，并向美国商务部提供这些计划的详细内容；获得 USFWS 的授权，进行调查以确定鱼类和野生动物常驻物种的生存状况和要求；在制定获取土地和水生栖息地以保护濒危和受威胁物种计划之前获得授权。截至 2016 年 7 月，美国（包括 50 个州，但不包括美国准州）共有 2 389 种受《濒危物种法》保护的物种。

图 4-18　USFWS 标志

图 4-19　NOAA 渔业管理处标志

## 2. 州法律

部分州政府也出台了相关法律保护野生动物。例如，密西西比州于 1974 年通过了 Mississippi Nongame and Endangered Species Conservation Act（《密西西比州野生动物和濒危物种保护法案》）。该法要求保护密西西比州本土野生动物的濒危物种，以减少濒危物种的数量。密西西比州的濒危物种名单需要由密西西比州野生动物、渔业和公园局每两年审核一次；该名单也可在州委员会认为适当时予以修订。违反该法律的个人可能面临 2 000～5 000 美元不等的罚款，最高一年的监禁，或两者兼罚。密西西比州野生动物、渔业和公园局负责管理和保护该州的野生动物、渔业、公园和濒危物种。艾奥瓦州于 1975 年通过了 Iowa Endangered Plants and Wildlife Act（《艾奥瓦州濒危植物和野生动物法案》）。该法律将濒危物种定义为在全部或大部分范围内处于灭绝危险的任何动物或植物；濒危物种是指在可预见的将来可能濒临灭绝的任何动物或植物。该法案授权艾奥瓦州自然资源委员会[（Committe on Natural Resource），自然资源部的一个部门]制定和管理一份全州特有的濒危和受威胁物种名单。艾奥瓦州自然资源部是该州保护和管理艾奥瓦州濒危物种的主要机构。The Illinois Endangered Species Protection Act（《伊利诺伊州濒危物种保护法》）于 1972 年由伊利诺伊州大会（Illinois General Assembly）通过，比联邦《濒危物种法》通过早一年。《伊利诺伊州濒危物种保护法》成立了濒危物种保护委员会（Endangered Species Protection Board），负责监督濒危和受威胁物种，直到 1986 年伊利诺伊州自然资源部[（Illinois Department of Natural Resources），当时称为伊利诺伊州保护部]负责该州的濒危和受威胁物种计划及监督该州的濒危物种。伊利诺伊州自然资源部的使命是"管理、保存和保护伊利诺伊州的自然、娱乐和文化资源，进一步提高公众对这些资源的理解和欣赏"。

## 4.2.2　渔业捕捞管理

本书选取两个典型州为代表来介绍密西西比河流域的渔业捕捞管理情况，它们分别是上游的威斯康星州（State of Wisconsin）和下游的阿肯色州。

### 1. 威斯康星州

**1）垂钓捕捞许可证**

在威斯康星州，15 岁及以下的孩子、1927 年以前出生的垂钓者和休假或离开威斯康星州的现役军人每天都可以免费垂钓。对于其他人来说，各种各样的垂钓捕捞许可证可以让他们轻松快速地以一个便宜的价格进行垂钓。例如，那些以前没有在威斯康星州垂钓或想在一段时间后重新垂钓的垂钓者可以购买首次垂钓捕捞许可证。居民或非居民如果在最近 10 年内未购买垂钓捕捞许可证，可获得优惠价。另外，对那些想要尝试威斯康星州垂钓的垂钓者来说，可以购买只有一天有效期的垂钓捕捞许可证。如果普通居民垂钓者能说服新人购买垂钓捕捞许可证，他们便可以获得积分，从而以更低的价格购买垂钓捕捞许可证。垂钓捕捞许可证分为居民和非居民两大类，包括普通本地居民垂钓捕捞许可证、本地居民鲟鱼垂钓捕捞许可证、其他本地居民垂钓捕捞许可证、非本地居民垂钓捕捞许可证、非本地居民鲟鱼垂钓捕捞许可证（表 4-1）。

表 4-1 威斯康星州的垂钓捕捞许可证

| 名称 | 类型 | 价格/美元 |
| --- | --- | --- |
| 普通本地居民垂钓捕捞许可证 | 1 年有效期 | 20 |
| | 首次购买者 | 5 |
| | 1 天有效期 | 8 |
| | 青少年（16～17 岁） | 7 |
| | 老年人（≥65 岁） | 7 |
| | 夫妻 | 31 |
| | 内陆鳟邮票 | 10 |
| | 大湖鲑鱼/鳟邮票 | 10 |
| | 大湖垂钓 2 天有效期（含大湖鲑鱼/鳟邮票） | 14 |
| | 内陆湖鳟垂钓 2 天有效期（含内陆鳟邮票） | 14 |
| 本地居民鲟鱼垂钓捕捞许可证 | 在温尼贝戈湖捕捞鲟鱼（购买截至 10 月 31 日） | 20 |
| | 在上游湖泊捕捞鲟鱼（购买截至 10 月 31 日） | 20 |
| | 在内陆湖泊垂钓鲟鱼 | 20 |
| | 在威斯康星州和密歇根州垂钓鲟鱼 | 20 |
| | 在上游湖泊刺穿鲟鱼的工具（截至 8 月 1 日） | 3 |
| 其他本地居民垂钓捕捞许可证 | 残疾人 | 7 |
| | 退役军人 | 3 |
| | 现役军人 | 0 |
| 非本地居民垂钓捕捞许可证 | 一年有效期 | 50 |
| | 家庭套餐，一年有效期（首次购买） | 65 |
| | 家庭套餐，一年有效期（第二次购买） | 0 |
| | 首次购买者 | 25.75 |
| | 1 天有效期 | 10 |
| | 4 天有效期 | 24 |
| | 15 天有效期 | 28 |
| | 家庭套餐，15 天有效期 | 40 |

续表

| 名称 | 类型 | 价格/美元 |
|------|------|-----------|
| 非本地居民垂钓捕捞<br>许可证 | 军事垂钓 | 20 |
| | 学生票 | 20 |
| | 内陆鳟邮票 | 10 |
| | 大湖鲑鱼/鳟邮票 | 10 |
| | 大湖垂钓2天有效期（含大湖鲑鱼/鳟邮票） | 14 |
| 非本地居民鲟鱼垂钓<br>捕捞许可证 | 在温尼贝戈湖捕捞鲟鱼（购买截至10月31日） | 65 |
| | 在上游湖泊刺穿鲟鱼（购买截至10月31日） | 65 |
| | 在内陆湖泊垂钓鲟鱼 | 50 |
| | 在威斯康星州和密歇根州垂钓鲟鱼 | 50 |
| | 军事内陆垂钓鲟鱼 | 20 |
| | 军事威斯康星湖/密歇根湖垂钓鲟鱼 | 20 |
| | 在上游湖泊刺穿鲟鱼的工具（截至8月1日） | 3 |

注：密歇根湖（Michigan Lake）

#### 2）垂钓规定

渔农自然护理署曾拟定用不同的垂钓条例来确保鱼类资源的可持续利用。例如，控制垂钓者对鱼类种群的影响，通过保持湖里或河里鱼类的数量和大小均衡等方式让垂钓的方式尽可能公平，并提供不同类型的垂钓体验，如为晚餐垂钓或为竞赛垂钓等。垂钓者全年可以在某些水域捕捞某些物种，但对某些物种和某些水域的开放季节设置了更多限制。垂钓者需要查看威斯康星州的垂钓季节日历，该垂钓季节日历与年日历不一致。此外，密歇根湖鳟垂钓的管理条例已被修改。从2021年1月1日起，捕鱼季将从3月1日开始，持续到10月31日，每天限带两条湖鳟。这些规定可能会有变化，垂钓者需要定期查看。手工捕鱼季节从6月1日开始，持续到8月31日。

#### 3）以威斯康星州的巴斯湖为例

巴斯湖（Bass Lake）位于威斯康星州的马拉松县（Marathon County），占地0.3 km²。它的最大深度为1.8m。游客可以从公共船码头进入湖泊。

（1）划船管理规定。游客在不熟悉威斯康星州水域水上交通条例之前，需检查公共船舶处的标志，以确定该水域是否有当地法规（比州法律更严格）。另外，游客也一定要审查威斯康星州划船规定文件，了解有关全州的规定。通常，从法令通过到它进入数据库可能会有延迟。因此，要确定一个水域是否有有效条例，唯一的方法就是查看公共船只靠岸处张贴的标志。

（2）鱼类食用警示。由于鱼类含有汞，威斯康星州的全州鱼类食用警示适用于绝大多数内陆水域。然而，当某些地方的鱼类所含污染物浓度较高时，全州范围内的建议则不适用于该地。游客需使用查询工具或查看相关小册子判断该水域的鱼类是否能食用。

威斯康星州医嘱地图上所显示的资料来自各种渠道，因此地图的年代、可靠性和分辨率各不相同。这些地图不是用来导航的，也不是合法土地所有权或公众获取权威信息的来源。地图使用者应通过其他方式确认土地所有权，以避免非法侵入。对于地图上描述的信息的准确性，以及特定用途的适用性、完整性或合法性，不做任何保证。

（3）垂钓管理规定。除特别注明外，大口鲈鱼（*Micropterus salmoides*）和小口鲈鱼（*Micropterus dolomieu*）全年开放捕捞和放生。每个垂钓者最多可以带 3 个鱼钩。下面列出的规定可能不能反映湖里实际的鱼的种类，本垂钓规定仅适用于内河湖泊（表 4-2）。其他所有规定，包括其他鱼类物种规定，如鳟或鲑，以及具体水域规定，包括密西西比河在内的边界水域或五大湖的规定，都可以在网站上查询。所列的捕鱼条例可能不能反映在湖中或河流中实际发现的物种。游客需检查是否有公共航道和可供垂钓的水域。关于完整的渔业法律和法规，游客可查询威斯康星州法规第 29 章或自然资源部门的行政法典。梅诺米尼县（Menominee Country）是一个印第安人的保留地，需要在部落总部了解部落政策。威斯康星州法律适用于非土著美国人在梅诺米尼保留区捕鱼。

表 4-2　巴斯湖垂钓管理规定

| 种类 | 季节 | 规定 |
| --- | --- | --- |
| 鲇 | 全年开放 | 无最小长度限制，每日限制 10 袋 |
| 莓鲈 | 全年开放 | 无最小长度限制，每日限制 25 袋 |
| 大口鲈鱼和小口鲈鱼 | 2020 年 5 月 2 日～2021 年 3 月 7 日 | 最小长度限制为 35.5 cm，每日限制 5 袋 |
| 大梭鱼 | 2020 年 5 月 23 日～2020 年 12 月 31 日 | 最小长度限制为 101.6 cm，每日限制 1 袋 |
| 白斑狗鱼 | 2020 年 5 月 2 日～2021 年 3 月 7 日 | 无最小长度限制，每日限制 5 袋 |
| 北美鲥和加拿大梭吻鲈 | 2020 年 5 月 2 日～2021 年 3 月 7 日 | 最小长度是 38.1 cm，每日限带 3 袋。但只允许垂钓 1 条超过 60 cm 长的大眼鲫鲈和加拿大梭吻鲈 |
| 美洲鲴 | 全年开放 | 无最小长度限制，每日袋数不限 |
| 白鲑 | 全年开放 | 无最小长度限制，每日限制 10 袋 |
| 湖鲟 | 关闭 | 禁止垂钓 |
| 匙吻鲟 | 关闭 | 禁止垂钓 |
| 石鲈、密西西比狼鲈、金眼狼鲈 | 全年开放 | 无最小长度限制，每日袋数不限 |
| 黑口新虾虎鱼 | 全年开放 | 每日袋数不限，其中一个可能会被办公室带走，用作标本或实验等 |
| 梅花鲈 | 全年开放 | 每日袋数不限，其中一个可能会被办公室带走，用作标本或实验等 |
| 铲鼻鲟 | 关闭 | 禁止垂钓 |
| 美洲狼鲈 | 全年开放 | 每日袋数不限，其中一个可能会被办公室带走，用作标本或实验等 |

## 2. 阿肯色州

### 1）划船管理规定

阿肯色州拥有超过 2 428 km² 的湖泊与超过 144 840 km 的河流和小溪。阿肯色州狩猎和渔业委员会（Arkansas Game and Fish Commission）的工作是通过制定划船规则来减少水上事故。相关规定如下：①1986 年 1 月 1 日或之后出生的人，符合驾驶摩托艇或帆船的法定年龄，必须成功地完成经过批准的阿肯色州狩猎和渔业委员会规定的划船教育课程，并在阿肯色州水域驾驶摩托艇或帆船时携带证明。驾驶 10 马力或以上发动机驱动的摩托艇，必须年满 12 岁，或在年满 18 岁的人的直接监督下驾驶。操作个人船只的人必须年满 16 岁。如果操作个人船只的人的年龄为 12～15 岁，则需要在 18 岁以上的人的直接督导下驾驶。如果操作个人船只的人的年龄为 12 岁以下，则需要在 21 岁以上的人的直接督导下驾驶。②船上的每个人至少配备一件美国海岸警卫队（United State Coast Guard）批准的穿戴式救生衣。所有救生衣必须完好无损，大小适当。12 岁及以下的儿童必须穿救生衣，在任何船只上都必须把救生衣扣牢。③不允许在船舶放置玻璃容器，但持有执照的医生所开的容器除外。④携带食物或饮料的船只必须附有一个可关闭的垃圾箱。垃圾箱必须是坚固的结构，它可以是一个网眼袋结构。所有垃圾必须安全、合法地处理。没有食物或饮料的人不需要用垃圾箱。游客需要使用浮动支架放置饮料，所有没有安全放入冷却器或垃圾袋的饮料必须装在浮动支架或其他装置中，以防止沉入水下。⑤游客必须尊重私有财产，除非有紧急情况，否则尽量避免在私人水域中停船。私人财产可以用栅栏、标志或紫色油漆来标记。游客需保持低噪声水平，并计划在公共土地上停靠。当游客接近垂钓者或其他划船者时，相互之间需保持一个宽阔的距离，并保持安静，以免干扰他人的娱乐活动。

### 2）常见垂钓鱼种类

（1）黑鲈。在欧扎克区（Ozark Region），可垂钓的小口鲈鱼全长至少达 30.5 cm。在阿肯色州的其他地方，可垂钓的小口鲈鱼全长至少达到 25.4 cm。不同溪流和湖泊对小口鲈鱼的可垂钓大小有不同的规定。

（2）鳟。鳟不是阿肯色州的本地种。阿肯色州的鳟渔业的兴起是由于 USACE 水坝下游的冷水排放。在这些水坝建成之前，怀特河里满是小口鲈鱼和其他温水性鱼类。由于冷水排放导致小口鲈鱼灭绝，因此联邦政府通过每年放养可适应更低水温的鳟来降低损失。褐鳟可以在阿肯色州成功繁殖，而虹鳟则需要人工繁育。

（3）鲇（*Silurus asotus*）。阿肯色州几乎所有水域都有鲇，它们具有重要的娱乐、商业和经济价值。在全州范围内，大约有 18% 的垂钓活动是针对鲇的。阿肯色州狩猎与渔业委员会的鲇管理小组评估了全州的鲇数量，并调整捕捞限额，以确保未来渔业的健康，同时使垂钓者能够充分利用他们的时间垂钓这些价值极高的鱼类，以供娱乐和食用。

除了对现有鲇幼鱼群的管理，阿肯色州狩猎和渔业委员会孵化中心花费了大量的精力来饲养和放养鲇，以提高全州的垂钓体验。阿肯色州狩猎和渔业委员会孵化中心每年生产 130 万条鲇并投放到相关水体，为垂钓者提供了更多的垂钓机会。这些 $33\sim38$ cm 的鲇也被广泛用于阿肯色州狩猎和渔业委员会的家庭和社区捕鱼项目，为那些可能无法到达该州较大水域的人提供垂钓机会。在春季和秋季，大约有 8 万条可捕捞的鲇被放养在家庭和社区渔业项目的池塘里，而另外 10 万条左右鲇则用于阿肯色州全年 300 场垂钓比赛。

（4）莓鲈。小翻车鱼和鲷是阿肯色州主要的莓鲈品种。鲷是阿肯色州最受欢迎的垂钓鱼种类之一，垂钓者不需要很多昂贵的设备或技能就能钓到几条鲷。同时，它们也是餐桌上的佳肴。鲷是许多太阳鱼的统称。所有太阳鱼都生活在相对较浅的水域，靠近水生植物和沉没的树木。有些鲷可能生活在小溪中，但它们通常更喜欢池塘、湖泊和河流的静水水域。

蟋蟀是所有鲷类的头号诱饵，它们使用方便，几乎在任何鱼饵店都能买到。刚刚捕捉到的蚱蜢和其他昆虫也能作为鲷的诱饵。红虫和小花园虫对鲷尤其是红耳翻车鱼非常有效。在寒冷的天气，蟋蟀不容易被发现，可以用其他幼虫来捕捉鲷。然而有些垂钓者更喜欢使用人工鱼饵，如小旋转器和小鱼钩。当鲷非常活跃时，它们会像攻击活鱼饵一样攻击人工鱼饵。飞钓者喜欢用模仿昆虫的小苍蝇和泡沫蜘蛛来钓鲷。

钓鲷最简单，最便宜的方法是用藤条杆或摇杆。只系一个 2.4 m 的垂钓线的杆，系带长柄钩，添加一个浮子的线。超轻旋转或旋转杆和卷轴的组合也是钓鲷最好的选择之一。它允许垂钓者离岸边或船稍远，覆盖更多的区域。垂钓者可以使用相同的浮球设置作为一个手杖杆，或者他们可以绑上一个小旋转或夹具来投掷和找回过去可能的目标。此外，飞钓也是最先进的垂钓方法之一。通常上午和晚上是钓鲷最好的时间。在 6 月和 7 月，鲷聚集在浅水产卵，这是把美味的鱼装进冷藏箱的最佳时机。被浅水区淹没的树木附近，特别是附近有大量昆虫活动的柳树周围有鲷。如果附近有鲷，它们会在 1 min 左右咬到诱饵。如果垂钓者的诱饵在 1 min 内没有被咬到，可以把鱼饵从水里拉出来，试试附近其他地方。

（5）条纹鲈。阿肯色河的条纹鲈是个例外，它在野外并不能进行自然繁殖。它们从海洋迁徙到河口进行产卵，自由漂浮的卵在孵化和返回大海前 48 h 会顺流而下。由于阿肯色州不存在这些条件，因此阿肯色州狩猎和渔业委员会在孵化场中模拟了这一过程。即使条纹鲈产卵不成功，条纹鲈每年 4 月都会洄游到它们所在湖泊的支流上产卵。一些生物学家已经为这次迁徙做好了准备，他们用网捕捉条纹鲈，把条纹鲈带回孵化场。一旦条纹鲈到达孵化场，其鱼卵和精液就会被人工混合在一起，然后被放入特殊的翻转罐中，在合适的温度下保存，直到鱼苗孵化。阿肯色州每年放流大约 50 万尾 5 cm 大小的条纹鲈。条纹鲈在阿肯色州的垂钓者中有一群小粉丝，任何一位条纹鲈的粉丝都知道条纹鲈的迷人之处。条纹鲈除了体型庞大，还是自然状态下最顽强的战斗鱼之一。

（6）北美鲥。在阿肯色州狩猎和渔业委员会孵化中心的努力下，阿肯色州的北美鲥种群数量不断增加。北美鲥在岩石浅滩产卵受精和护幼。孵化场的工作人员在孵化场模拟了这些条件，将准备产卵的雌鱼引入人工孵化场，手工将卵与雄鱼的精子混合，然后把成年幼鱼送回原来的水域。产卵过程中产生的北美鲥分布在阿肯色州的许多湖泊和河流中，因此垂钓者可以瞄准这些美味的鲈鱼家族。

（7）鳄雀鳝。鳄雀鳝是阿肯色州最大的鱼类，也是美国东南部最大的淡水鱼，最大的个体重达 136 kg。鳄雀鳝的化石可以追溯到恐龙时代，是阿肯色州的 200 多种鱼类中最古老的一种。

20 世纪的主要防洪工程导致鳄雀鳝种群数量受到影响。此外，人们普遍给这一物种及其近亲贴上"垃圾鱼"的标签，导致许多垂钓者和自然资源机构肆意捕杀它们。像其他顶级掠食者一样，鳄雀鳝的数量通常相对较低，但它们能够帮助其他鱼类的种群保持生态平衡。

阿肯色州狩猎和渔业委员会已对全州数量不断减少的鳄雀鳝做进一步管理。2008年，阿肯色州狩猎和渔业委员会渔业部门成立了鳄雀鳝种群管理小组。在过去的十年里，这个由生物学家组成的团队一直致力于监测鳄雀鳝现存种群数量。在未来的几年中，该团队将通过重建和改善栖息地，努力提高该物种在其原生范围内的生存能力。阿肯色州狩猎和渔业委员会渔业部门专门派出了一个由生物学家组成的特别小组来研究和推广鳄雀鳝的垂钓潜力。

鳄雀鳝的捕捞限制和许可如下：5 月 1 日～7 月 1 日，垂钓者禁止捕捞鳄雀鳝。垂钓者每天只能捕捞一尾 91cm 以下的鳄雀鳝。对于超过 91 cm 的鳄雀鳝，垂钓者只能带走拥有标记的鳄雀鳝。11 月 1 日～12 月 31 日，阿肯色州狩猎和渔业委员会在 100 尾体长超过 91 cm 的鳄雀鳝身上进行标记。在此期间，持有垂钓捕捞许可证的垂钓者可以申请获得一尾。

### 3）垂钓地点

（1）公共垂钓水域。阿肯色州共有 327 个公共垂钓水域可供垂钓。

（2）家庭和社区垂钓计划。阿肯色州每年在选定的城市举办垂钓活动。3～10 月，成千上万尾 33～38cm 的斑点叉尾鮰被定期放养在所有的社区的鱼池内。每年的 11 月～次年 2 月，每月有超过 50 000 尾可捕捞的虹鳟被放养在的全州的家庭和社区的鱼池内。

（3）垂钓大赛项目。阿肯色州狩猎和渔业委员会与市民俱乐部、市政府、其他政府机构、教堂、学校和养老院等组织共同赞助这些活动。赞助商会提供一个公共比赛站点。阿肯色州狩猎和渔业委员会在现场放养鱼类，并为比赛提供技术指导。

### 4）鳟渔业

（1）比弗大坝（Beaver Dam）尾水。比弗大坝由 USACE 建造，用于防洪和水力发电，是在怀特河上修建的最后一个项目。商业发电开始于 1965 年 5 月，尽管这个项目直到 1966 年才正式完成。比弗大坝产生的水流经阿肯色州西北部约 12 km，然后进入泰布尔罗克湖（Table Rock Lake）。比弗大坝释放的冷水破坏了本地鱼类的栖息地。鳟的增殖放流始于 1966 年，旨在增加鳟的种群数量。

2005 年，阿肯色州狩猎和渔业委员会鳟管理项目为比弗大坝下游制定了一项综合管理计划。该计划制定了具体的目标及渔业管理方案。公众的广泛参与是计划的核心，以确保满足公众的期望。该计划在 2011 年被重新审视，以确定是否实现了管理目标，并确保计划目标符合公共价值和利益。此外，阿肯色州狩猎和渔业委员会于 2012 年制定了 Beaver Tailwater Management Plan（2012—2017）[《比弗大坝尾水管理计划（2012～2017年）》]，目前最新的相关计划暂未出台。

（2）布尔肖尔斯大坝（Bull Shoals Dam）尾水。1952 年在怀特河修建了布尔肖尔斯大坝，用于防洪和水力发电。与美国东南部的其他大坝一样，大坝建设破坏了本地种鱼类的栖息地。然而虹鳟和褐鳟却能生存和生长。这两个物种的增殖放流始于 1955 年。

2017 年，阿肯色州狩猎和渔业委员会鳟管理项目重新审视了诺福克（Norfork）和布尔肖尔斯大坝尾水的渔业管理计划。这些计划于 2007 年制定，并于 2013 年重新评估，目标是每五年继续审查这些计划，并在必要时修改并适应不断变化的条件。这些计划的目的是确定具体的目标，这些目标将指导这些水域鳟渔业的管理。这些计划将定期进行复查，以确定是否实现了管理目标，并确保计划目标符合公共价值和利益。

（3）格里尔斯渡口大坝（Greers Ferry Dam）尾水。格里尔斯渡口大坝位于克莱本县（Cleburne Country）的小红河上。这座大坝是由 USACE 为防洪和水力发电而建造的。商业发电始于 1964 年 7 月。格里尔斯渡口大坝下游的冷水排放破坏了本地鱼类的栖息地。1966 年，阿肯色州狩猎和渔业委员会开始在格里尔斯渡口大坝下游放养鳟，以减轻损失。虹鳟最早于 1966 年进入该水域。褐鳟则于 1977 年被引进，并建立了一个野生种群。

2006 年，阿肯色州狩猎和渔业委员会鳟管理项目开始为大坝下游制定综合管理计划。该计划的目的是确定具体的目标，以指导今后对鳟渔业的管理。2017 年，该计划被重新审视，以确定是否实现了管理目标，并确保计划目标符合公共价值和利益。

（4）诺福克大坝（Norfork Dam）尾水。诺福克大坝位于巴克斯特县（Baxter Country）怀特河的北汊。这座大坝是由 USACE 为防洪和水力发电而建造的，大坝的建造于 1944 年完成。该大坝的建设造成了不适合本地鱼类生存的冷水生境。1948 年阿肯色州狩猎和渔业委员会对 600 尾虹鳟进行了实验放流，探讨了建立鳟渔场的可能性。1949 年，褐鳟被引进，到 20 世纪 50 年代早期，诺福克因鳟渔业而在该地区闻名。阿肯色州狩猎和渔业委员会管理从诺福克大坝到怀特河汇合处的鳟渔业。

（5）斯普林溪（Spring Greek）。斯普林溪发源于阿肯色州富尔顿县（Fulton Country）的猛犸温泉。猛犸温泉在恒定的 14.4 ℃ 下，每小时流出 3 406.9 万 L 水。阿肯色州狩猎和渔业委员会管理着斯普林溪上游 19.5 km 的鳟渔场，即从 1 号坝到迈亚特河口（the mouth of Myatt Creek）。

（6）格里森湖（Lake Greeson）尾水。小密苏里河（Little Missouri River）上的狭小大坝与泥泞的三岔路口上的低水位桥之间的尾水储备充足，为阿肯色州西南部的垂钓者提供了钓鳟的机会。

（7）沃希托河（Ouachita River）尾水。沃希托河上的布莱克利（Blakely）、卡彭特（Carpenter）和雷梅尔（Remmel）水坝为该州南部的垂钓者提供了钓鳟的机会。虹鳟可以利用较低的水温，从 11 月存活到次年 4 月。

**5）垂钓指南**

阿肯色州狩猎和渔业委员会在阿肯色州的许多湖泊放置由甘蔗、灌木、树木和聚氯乙烯制成的鱼饵，以帮助垂钓者全年能够捕捞到鱼。在许多情况下，当地垂钓者、联邦机构和其他合作伙伴会帮助创建和安置这些鱼饵，也鼓励垂钓者自备鱼饵，并创建隐蔽的垂钓点。另外，最重要的是在垂钓之前，垂钓者需要打电话给湖的主人，以确保垂钓是被允许的。

**6）鱼类食用指南**

阿肯色州卫生厅对影响阿肯色州公民的环境条件和危害进行了广泛的概述。通过鱼类顾问计划，该机构确定并量化环境污染物的暴露程度、进行风险评估和风险沟通、监测有害健康影响，并就此类污染物的暴露水平提供健康指导。

**7）钓鱼大师项目（Master Angler Program）**

垂钓大师项目开始于 1985 年，以表彰那些捕获破州纪录的渔获物的垂钓者。这个项目有 8 个类别：黑鲈、温带鲈、鲷、鲇、太阳鱼、鲈、鳟，还有一个杂项类别。任何年龄的居民及非居民垂钓者都有资格参加。如果参赛者捕获的鱼类符合最低质量要求，其就有资格申请大师垂钓者奖。在阿肯色州，所有符合资格的参赛者都必须用钓竿。为了达到认证的垂钓大师地位，参赛者必须在至少 4 个类别中捕获合格的鱼，这些鱼可以不在同一年被捕获。如果参赛者在 1 个类别中捕获了符合条件的鱼，参赛者将收到 1 枚描绘该类别鱼的别针和 1 封认可信。每位参赛者有资格在每个类别中的每个物种中收到 1 枚别针。一旦参赛者在 4 个类别中钓到了合格的鱼并成为认证的钓鱼大师，参赛者将获得垂钓大师证书和纪念币。

**8）垂钓许可证及费用**

如果游客已经 16 岁或以上，游客必须持有有效的垂钓捕捞许可证才能在阿肯色州捕捞水生野生动物，除非游客是在获得许可的"放养"付费湖中钓鱼（表 4-3）。在特定水域钓鳟需要获得鳟许可证，以防止鳟进入阿肯色州的其他水域。如果游客指导或帮助别人垂钓，要求必须有导游执照。在阿肯色州狩猎和渔业委员会地区办事处、自然中心、体育用品商店、一些折扣连锁店和船坞都可以买到垂钓许可证。游客也可以通过电话或网上购买垂钓许可证。

表 4-3 垂钓许可证

| 名称 | 内容 | 价格/美元 |
| --- | --- | --- |
| 综合许可证 | 可获得当地垂钓运动许可证及渔业资源保护许可证，有效期至 6 月 30 日 | 35.5 |
| 居民渔业保护许可证 | 授予居民在本州水域用垂钓工具捕鱼的权利。此外，为了保护鳟的种群数量，居民必须购买"居民鳟垂钓捕捞许可证" | 10.5 |

续表

| 名称 | 内容 | 价格/美元 |
| --- | --- | --- |
| 居民 3 天垂钓捕捞许可证 | 在规定的 3 天时间内，居民有权使用钓具在本州水域内进行垂钓 | 6.5 |
| 居民鳟垂钓捕捞许可证 | 居民在某些水域内拥有垂钓捕捞鳟的权利。持有未到期的 1 000 美元终身居民狩猎及垂钓运动员许可证，或持有 65 岁及以上终身执照和鳟垂钓捕捞许可证的人士，则无须申领 | 10.0 |
| 非居民鳟垂钓捕捞许可证 | 非居民在某些水域内拥有垂钓捕捞鳟的权利。非居民除了每年购买垂钓捕捞许可证外，还要在特定水域保护鳟等其他鱼类 | 20.0 |
| 鳄雀鳝垂钓捕捞许可证 | 垂钓者垂钓捕捞超过 91 cm 的鳄雀鳝后需要进行鳄雀鳝标签标记，并参与比赛抽奖。抽奖将于每年的 1 月 2 日举行。鳄雀鳝标签于当年 12 月 31 日到期 | 免费 |
| 非居民年度垂钓捕捞许可证 | 非居民有权在本州水域进行垂钓捕捞。此外，必须购买非居民鳟许可证，以保护鳟幼鱼群数量 | 50.0 |
| 非居民 3 天垂钓捕捞许可证 | 非居民有权在规定的 3 天时间内用运动钓具在本州水域进行垂钓 | 16.0 |
| 非居民 7 天垂钓捕捞许可证 | 非居民有权在指定的 7 天时间内使用钓具在本州水域捕鱼 | 25.0 |
| 居民垂钓捕捞指南许可证 | 居民为获得报酬或其他考虑而指导、帮助或协助他人垂钓；该许可证不包括捕鱼特权 | 25.0 |
| 非居民垂钓捕捞指南许可证 | 非居民为获得报酬或其他考虑而指导、帮助或协助他人垂钓；该许可证不包括捕鱼特权 | 450.0 |
| 怀特河边境湖泊垂钓捕捞许可证 | 允许持有阿肯色州居民垂钓捕捞许可证，但没有密苏里州非居民垂钓捕捞许可证的人在密苏里州中布尔肖尔斯湖、诺福克湖和泰布尔罗克湖里捕鱼 | 10.0 |
| 居民 3 年残疾垂钓捕捞许可证 | 赋予居民使用运动钓具在该州水域捕鱼的权利，还必须购买居民鳟许可证才能保留鳟或在某些水域捕鱼；该许可证的持有人，连同其他获得许可的个人协助，可以在家庭钓鱼地点钓鱼 | 10.5 |
| 商业渔民垂钓捕捞许可证 | 居民可以使用商业渔具在本州水域捕鱼；该许可证仅在阿肯色州狩猎和渔业委员会小石城办事处购买 | 25.0 |
| 65 岁以上终身渔业保护许可证 | 65 岁或以上的阿肯色州居民获得渔业资源保护许可证。必须购买终身鳟许可证（65 岁后购买一次）才能在某些水域垂钓捕捞鳟，需要年龄证明和一年的阿肯色州居住证明 | 10.5 |
| 65 岁以上终身垂钓捕捞许可证 | 65 岁或以上的阿肯色州居民获得垂钓运动许可证（狩猎）及渔业资源保护许可证，需要年龄证明和一年的阿肯色州居住证明 | 35.5 |
| 65 岁以上终身垂钓捕捞鳟许可证 | 可在阿肯色州狩猎和渔业委员会小石城办事处或阿肯色州狩猎和渔业委员会地区办事处购买 65 岁以上终身垂钓捕捞鳟许可证 | 10.0 |
| 未过期居民终身狩猎及垂钓许可证 | 可获得未过期居民垂钓运动许可证（狩猎）和渔业资源保护许可证（捕鱼）；使用此许可证可免除鳟许可证、租赁土地许可证、鳄鱼许可证、糜鹿许可证、州水禽印章和野生动物管理区许可证狩猎的费用 | 1 000.0 |

续表

| 名称 | 内容 | 价格/美元 |
|---|---|---|
| 3年有效期残疾居民组合许可证 | 残疾人可获得居民运动员执照（狩猎）和居民渔业保护执照（捕鱼）。必须购买鳟许可证才能在某些水域捕鱼。需要社会保障局（Social Security Administration）、退伍军人事务部（Department of Veterans Affairs）或铁路职工退休管理委员会（Railroad Retirement Board）的残疾证明及60天阿肯色州居住证明；自购买之日起3年内有效；该许可证更新需要重新认证；该许可证可在阿肯色州狩猎和渔业委员会小石城办事处购买 | 35.5 |
| 行动不便人士通行证 | 该许可证可在阿肯色州狩猎和渔业委员会小石城办事处购买 | 免费 |

居民是指在阿肯色州居住至少 60 天并宣称自己是阿肯色州的全职居民的人。居住在阿肯色州以外的人拥有阿肯色州的房产并不意味着他就是当地居民。此外，以下学生（在阿肯色州打猎或垂钓时必须携带全日制学校、学院或大学的注册证明）也有资格购买年度垂钓许可证：在阿肯色州以外的学校就读的常驻外国交换生；在阿肯色州上学的非常驻外国交换生；阿肯色州的居民在阿肯色州以外的学院和大学注册为全日制学生；外地人在阿肯色州的大学和学院注册成为全日制学生。分配到阿肯色州工作地点的现役军人有资格购买狩猎和垂钓的年度许可证并有旅行居民特权。对于阿肯色州居民中的现役军人和妇女，无论他们的驻地在哪里，都有资格购买狩猎和垂钓的年度许可证并有旅行居民特权。

## 4.2.3　栖息地保护

自 20 世纪 70 年代初以来，密西西比河干流的生态系统恢复工作一直在进行。在20 世纪 60 年代末至 70 年代初美国《国家环境政策法》、《清洁空气法》和《清洁水法》等一系列环境保护法通过之后，普通公民、州和联邦自然资源机构的管理人员开始寻求恢复和保护的项目、资金，并设计一系列环保计划，如避免和最小化水闸与大坝负面影响计划、密西西比河中游生物保护计划、恢复美国最伟大的河流计划、密西西比河下游保护计划等。这些支持系统生态恢复的措施，多数是通过相互合作的方式来提高河流的多种效益。各机构和专业人员合作采取了数百种不同的措施，以恢复这条世界第四大河的自然面貌和功能，重建广阔的泛滩栖息地，例如，恢复漫滩岛屿、恢复回水湖泊和河道深度、恢复特别关注物种的栖息地；通过缩短、切槽或移除翼堤与次级河道的截流结构等手段恢复沿主河道边界和次级河道的水流，并增加水力停留时间，以恢复有价值的栖息地，同时恢复冲积平原提供的养分和泥沙同化过程。生态修复项目评估结果表明，濒危和受威胁物种、洄游和非洄游性物种状况都出现好转，这主要得益于水质等非生物条件的改善。一系列修复措施已经成为创新示范、多阶段项目综合体和河流系统改造的一部分。在所有情况下，这些项目都获得了生态效益，同时满足了商业航运、娱乐、能源利用、洪水风险管理和供水的需求。州和联邦政府、非政府组织、公众之间融洽的合作关系进一步推动了密西西比河干流的生态系统恢复工作的完成，创新工作和伙伴关系对这项工作至关重要（Benjamin et al.，2016）。

密西西比河上游恢复-环境管理项目（the Upper Mississippi River Restoration-Environmental Management Program）已经直接恢复了在密西西比河上游干流约 3% 的河漫滩栖息地，加上栖息地恢复的间接效益，总生态效益可能会翻一番。密西西比河上游只是密西西比河流域的一部分，显然还有很多工作要做。在密西西比河中游和密西西比河下游中也出现了类似的需求，例如，需要继续扩大对河道结构的改造，尽量减少对生态系统的影响（如对砾石沙洲的沉积），并建设多样化的栖息地（如水池等）。在自由流淌的密西西比河下游地区，保护仍然存在的大片天然河流栖息地也很重要。密西西比河干流的生态系统恢复工作是世界上最全面的大型河流修复工作之一，但仍需进一步跟踪和完善。流域保护和修复项目有助于改善密西西比河的生态状况。然而，由于城市不透水地表面积增加、农业排水、地下蓄水层枯竭、冲积平原和河岸地区改变，同时地区的水文条件存在较大差异，因此保护和修复当前河流生态系统的生态健康将面临巨大挑战（Benjamin et al.，2016）。

未来必须对失去的栖息地进行结构性补救，至少要让河流有能力像河流泛滥平原那样季节性地发挥作用。从结构上讲，这些岛屿的疏浚和水流管理，对于维护和恢复泛滥平原这些元素至关重要，特别是在河流被拦截的河段。在河流的所有河段，有必要进行战略性的逆向工程，例如，重新连接次级河道，补建切口结构以改善主河道边界的栖息地，并重新连接部分泛滥平原和主河道的河流连通性。恢复水位和流量的季节性变化，使其更接近历史水文条件，也是恢复河流生态系统功能的关键要素之一。总之，密西西比河的修复措施已投入实践，并将继续加以调整和改进。各类恢复措施不断被开发和改进，使其兼容河流特征，并有效地发挥多种用途。只有将生态工程实践长期纳入水资源规划和建设中，才会产生更大的生态效益。实施修复工程的最高目标，是让密西西比河的自我恢复能力得到进一步提升。为此可以借鉴过去的经验，找出新的解决方案，从而使密西西比河的生态系统走上可持续发展之路（Benjamin et al.，2016）。以下将分别介绍密西西比河各类生境修复举措。

### 1. 密西西比河上游生态修复项目

（1）航道疏浚 GREAT I、GREAT II、GREAT III 项目。密西西比河流域各州、USFWS 和 USACE 在密西西比河上游干流的疏浚和处置问题上长期存在争议。自 1969 年通过《国家环境政策法案》和 1972 年通过《清洁水法案》后，这些争议日益加深。威斯康星州利用这些新制定的法律，推动联邦政府寻找一种绿色环保的疏浚和处置材料来管理维护 2.7 m 深的航道（GREAT，1980）。

1974 年，一个跨部门小组在 USACE 和 USFWS 的领导下成立，其任务是确定和评估关于河流多用途利用的问题，并提出改进河流管理的建议。随后，这项工作发展成为 GREAT 的研究工作（UMRBC，1982），并得到 1976 年《水资源开发法案》第 117 条的正式批准。这项工作始于 USACE 的圣保罗区，后来被称为航道疏浚 GREAT I 项目（1976 年

《水资源开发法案》)。航道疏浚 GREAT I 项目的研究范围包括 348 km 长的通航河段，主要解决方案是多管齐下。河道水利工程师研究了实际的疏浚深度，并确定将疏浚深度维持在 3.6 m。3.6 m 的疏浚深度比过去的 3.9 m 拥有更高的通航效率（驳船和拖船的吃水深度实际为 2.7 m，是根据操纵深度进行河道管理的）(USACE，1997)。除了疏浚外，USACE 还确定了直线河道和弯道的最佳河道宽度分别为 107 m、152 m。因此，USACE 每年能够减少约 382 277 km³ 疏浚量，同时维持一个安全可靠的商业航行航道。这一解决方案在经济和环境方面都取得了成功。它不仅节省了疏浚成本，还减少了处置疏浚材料所需的面积（USACE，1997)。

另一种解决方案是确定长期疏浚区（定期进行疏浚的区域），并寻找绿色疏浚材料。这项工作耗时多年，也最具争议。最后，建立了大约 90 个处置点，用于 100 多个长期疏浚切割，在这个过程中节约了超过 4.05 km² 的湿地面积（USACE，1997)。

随着航道疏浚 GREAT I 项目的成功，USACE 罗克岛区的航道疏浚 GREAT II 项目和圣路易斯区的航道疏浚 GREAT III 项目试图仿照类似的模式来管理密西西比河上游干流的疏浚和处置工作。两个程序都取得了重要成果，但没有航道疏浚 GREAT I 项目那么全面。整个过程最有价值的是所有团队在航道疏浚项目上所建立起的工作流程，即在保护密西西比河上游自然资源的同时允许对河道采取多种方式来解决与河流相关的一系列问题。

（2）密西西比河上游恢复-环境管理项目。美国国会在 1986 年的 Water Resources Development Act（《水资源发展法案》)中批准了环境管理计划（后期更名为密西西比河上游恢复计划），以帮助解决密西西比河上游的生态需求。在密西西比河上游系统管理的综合规划中确定了项目要点，并成为启动该项目的框架（1986 年《水资源开发法案》）。密西西比河上游修复计划是密西西比河历史上最全面、最长期的修复计划。密西西比河上游干流修复计划由两大项目组成：栖息地恢复和改善项目与长期资源监测项目。栖息地恢复和改善项目与长期资源监测项目的共同目的是改善密西西比河上游的生态状况，并进一步加深我们对密西西比河和伊利诺伊州开罗以上 1 931 km 河流的自然资源的了解（USACE，2010)。

USACE 与州和联邦机构合作伙伴共同协调并领导栖息地恢复和改善项目的规划、设计和管理。该项目通常会改变河流的地貌特征，以恢复退化的生态系统功能、结构和动态过程（USACE，2012)。栖息地恢复和改善项目已经恢复了超过 453 km² 的水生栖息地和泛滥平原栖息地。通常，恢复项目的近期目标是改变或恢复水文地貌过程，最终目标是恢复物理、化学和生物条件，以恢复和维持更健康、更有弹性的生态系统。恢复项目中有许多是针对河流系统的地貌缓慢而持续的变化：岛屿流失、次生河道形成和扩张。这些变化导致水力连接增加、泥沙沉积和泛滥平原森林退化。栖息地恢复和改善项目包括岛屿的修复和保护、修改主河道和泛滥平原之间的水力连接、疏浚回水以清除堆积的沉积物、修改侧河道及恢复泛滥平原森林（Theiling et al.，2015；USACE，2012)。

通过实施栖息地恢复和改善项目，共完成了 55 个项目，包括改善鱼类和野生动物栖息地面积超过 433.01 km²。2000 年，在 5 个主要栖息地内，栖息地需求评估确定了至少需要恢复 546.33 km² 的额外且必要的栖息地，并确定了需要恢复的生态功能和过程（USACE，2000）。在上游河段泛滥平原地区的蓄水部分，非航道和回水复合体是栖息地恢复和改善项目工作的重点（图 4-20）。典型的恢复工程则是将平均面积为 2.02～4.05 km² 的栖息地直接进行恢复，并尽可能恢复整个栖息地的多样性，包括增加岛屿、河道外及深水区栖息地多样性，保护理想的泛滥区特征，以及重建脆弱物种的关键栖息地特征等。重建这些重要的栖息地的设计和施工工作需要结合多种技术，以达到预期的效果。栖息地恢复和改善项目不仅有利于密西西比河上游生态系统的恢复，也对国家和国际其他大型河流的生态恢复具有借鉴意义（Benjamin et al.，2016）。

图 4-20　密西西比河上游的非航道和回水复合体（Benjamin et al.，2016）

栖息地恢复和改善项目与长期资源监测项目也给密西西比河上游干流和其他大型河流带来了其他方面的好处。2012 年更新的 *Environmental Design Handbook*（《环境设计手册》）（USACE，2012）详细介绍了大型河流的修复方案，并重点关注国内和国际大型河流栖息地修复项目规划、设计和实施。同时，栖息地恢复和改善项目与长期资源监测项目不断地重新评估项目工作，及时改进项目设计，最终确保达到项目预期目标。栖息地恢复和改善项目与长期资源监测项目利用长期资源监测项目数据，开发许多数学模型来帮助完成项目设计，最终确定修复的最佳区域和方案（USACE，2012）。

根据密西西比河上游干流内的每个泛滥平原地区不同的生态特征，确定不同泛滥平原的最佳修复工具。在任何情况下，州和联邦机构在水利工程、河流生态、鱼类和野生动物管理等方面的紧密合作是设计和实施这些修复项目的必要条件。目前，密西西比河上游干流修复项目继续蓬勃发展，近年来已获得近 3 318.7 亿美元的项目资助。这一资助水平反映了栖息地恢复工作的持续发展，这是该计划自开始以来的基石。每个项目都建立在以前工作的知识基础上，从而形成了最先进的河流恢复计划。虽然近百年来频繁的河道改造所造成的后果仍然在密西西比河上游随处可见，但在密西西比河主河道边界区域、洪泛平原岛屿、次级河道，以及从浅到深的湿地、沼泽、"U"形河湾和深水河道等回水地区已经出现了超过 404.69 $km^2$ 的生态恢复区域，这些区域内动植物物种的响应就是最好的例证（USACE，2010）。

（3）航运生态系统可持续性计划。密西西比河上游-伊利诺伊航道系统航运的可行性研究始于 1993 年，在调查阶段完成后，联邦政府希望能对密西西比河上游的航运改进情况进行调查。最初的研究目标是评估是否需要在系统上改善 37 个水闸和水坝，并在需要升级系统时，确定增加的通航量对河流的环境影响。1998 年，该研究因经济问题而被中止，直到 2001 年 8 月 6 日才重新启动。调整后的研究内容要求 USACE 处理航运持续累积的影响，以及改善航运量增加的问题，从而实现可持续的河流航运和河流生态系统的总体目标（USACE，2004）。

经批准的研究报告提出了以下建议：投资 22 亿美元用于小型通航措施的通航基础设施建设；在密西西比河和伊利诺伊河上游 7 个现有船闸地点新建 366 m 船闸仓；减轻通航对特定地点的不利影响；继续审批提高通航效率的方案（USACE，2004）。其中密西西比河上游修复工作包括建设鱼类通道，为通航和保护环境而重新修建水坝、岛屿，重新连接非航道，改变航道结构以加强河流连通性，以及保护现有有价值的自然景观等。

航运生态系统可持续性计划的环境部分和密西西比河上游恢复-环境管理项目制定了联合愿景声明、总体生态目标、系统范围和项目规模目标。河流管理者和政策专家对从河流统一管理制过渡到国家统一管理制持谨慎态度，因为他们担心这一转变不仅会阻碍河流统一管理制的建设，还会使河流监测效率降低，同时担心国家统一管理制没有实践经验。然而，在 2007 年，密西西比河上游流域协会（Upper Mississippi River Basin Association）发布了 Integrating and EMP：A UMRBA Vision for the Future of Ecosystem Restoration on the Upper Mississsippi River System（《整合航运生态系统可持续性计划和环境管理计划：密西西比河上游流域协会对密西西比河上游生态系统未来恢复的展望》）（UMRBA，2007）。该文件中的关键条款概述了制度转变期间的操作，以确保在过渡到航运生态系统可持续性计划的过程中不丢失密西西比河上游恢复-环境管理计划的功能（UMRBA，2007）。

（4）密西西比河上游恢复计划。1986 年《水资源开发法案》批准的密西西比河上游恢复计划是美国第一个在大型河流系统上实施的环境恢复和监测计划。自 20 世纪 20 年代在密西西比河上游系统上建立国家野生动物保护区以来，它被认为是唯一致力于保护密西西比河上游系统多样化和重要的鱼类与野生动物资源的最重要的项目之一。密西西比河上游恢复计划是一项州和联邦合作计划，旨在保护、恢复、监测密西西比河上游的自然资源。

密西西比河上游恢复计划的独特之处在于它与众多州和联邦机构、非政府组织和公众之间建立了良好的合作关系。该计划为栖息地恢复活动、监测和研究提供了良好的平衡。该计划为大型河流生态系统的修复开创了许多新的创新工程和规划技术。密西西比河上游恢复计划的科学研究部门开发了最先进的技术来监测和研究这条河流。科学监测、工程设计和环境建模技术已在美国及其他多个国家之间共享。密西西比河上游恢复计划旨在创建一个更健康、更有活力的密西西比河上游生态系统，并维持河流的多种生态功能。该计划的主要任务有以下几点：与州和联邦机构及其他组织合作；建设高效的栖息地恢复、修复项目；通过监测、研究和评估，学习最新的研究成果；与其他组织合作完成密西西比河上游恢复计划的愿景。

恢复栖息地是密西西比河上游恢复计划的两个主要重点规划之一。栖息地恢复和改善项目利用了多种建筑技术和方法，模拟自然河流过程，并在整个生态系统、河段、水库和局部尺度规模上为河流带来生态效益。每个恢复项目涉及不同的修复方向，并增加了多种栖息地类型，实现了通过综合规划过程确定的特定生态目标。栖息地恢复和改善项目利用多种修复技术，包括岸线保护、岛屿创建、水位管理、回水疏浚、次级河道改造、泛滥平原和支流恢复等。修复项目的规划团队利用密西西比河上游恢复计划科学与监测中心提供的生态系统长期监测数据进行问题诊断并提高项目的有效性。

密西西比河上游恢复计划正在不断改进其恢复技术，并纳入新的研究成果，以提高项目中栖息地的生态效益。2006 年的《环境设计手册》和 2012 年的更新版本均记录了密西西比河上游恢复计划的适应性管理方法，并促进了密西西比河上游恢复计划在知识和经验方面的交流和传播，这是该项目成功的关键因素之一。

密西西比河栖息地恢复和改善项目促进了栖息地的保护、改善和修复，且这项工作开创了美国在流域生态系统栖息地修复方面多学科合作的先河。圣保罗区的栖息地恢复区在艾奥瓦州古腾堡的 10 号船闸和大坝上。圣路易斯区的栖息地恢复区在伊利诺伊州开罗的 Lock and Dam 22（第 22 号闸坝）以南。

密西西比河上游恢复计划整合了长期监测、研究、建模和数据管理等多方面，提供了关于密西西比河上游健康和恢复的关键知识。这为管理行动、栖息地恢复和政策制定提供了坚实的基础。在超过 25 年的长期数据收集中，密西西比河上游恢复计划的数据库是世界上所有大型河流系统中最广泛、最全面的数据库之一。密西西比河上游恢复计划的科学专业知识、信息广度、监测协议、建模能力、数据管理和基础设施为了解河流的自然功能和过程、人类影响和最佳解决关键恢复需求的机会创造了多种可能性。密西西比河上游恢复计划进行的科学监测和研究有两个重要任务：进行资源长期监测与不断改进恢复技术和管理方法。

## 2. 密西西比河中下游生态恢复项目

（1）避免和最小化水闸与大坝负面影响计划。1992 年 10 月，USACE 圣路易斯区发布了"设计备忘录第 24 号"，针对密西西比河上游—密苏里和伊利诺伊州梅尔文·普赖斯水闸和大坝对环境造成的影响采取的环境保护与修复措施。这些措施同时适用于密西西比河上游和中游。该项目旨在减少建造第二座船闸后航运量的增加对环境造成的影响。

与"避免和最小化"计划相关的行动产生了许多积极效应，例如，通过修改现有的河道训练结构、创新的河道训练结构设计、环境池管理，以及修改疏浚和处置措施来恢复栖息地。此外，该项目安装了船闸系泊单元，以减少拖船等待船闸通道时对航运的影响。"避免和最小化"计划还设立了另外一部分内容，以监测栖息地改善带来的好处，并设计有利于生态系统和航运发展的不同替代方案。"避免和最小化"计划由自然资源、河流行业的州和联邦与私人合作伙伴组成的河流资源行动小组负责协调，于1996年开始全面实施。

（2）密西西比河中游生物保护计划。1973年《濒危物种法》规定，任何项目如果发生在被列出物种的栖息地范围内，联邦机构需要咨询USFWS或NOAA。根据该法案第7（a）（2）条，服务部门将与行动机构进行正式磋商，以确定该项目是否会危及列出的物种。2000年，USFWS发布了一份关于密西西比河上游河道（包括中游）2.7 m航道操作和维护的危险生物意见草案（USFWS，2004）。USFWS的结论是，航道的操作和维护对密苏里铲鲟的生存是有害的。因此，USACE在密西西比河中游开始了一项栖息地恢复计划，包括岛屿建设、次级河道恢复、翼堤切口和锯齿堤建设，旨在使密苏里铲鲟和其他物种的栖息地多样化。基于被列入名单的物种种群的长期监测数据，USACE承诺将继续进行这一项目，直到被列入名单的物种种群数量完全恢复为止。

（3）恢复美国最伟大的河流计划。密西西比河下游没有在联邦政府授权和资助的恢复计划中受益，但依靠一种独特的伙伴关系来恢复许多物种宝贵的栖息地，其中包括三种联邦政府确定的濒危物种：燕鸥、密苏里铲鲟和贻贝。密西西比河下游保护委员会成立于1994年，是由阿肯色州、肯塔基州、路易斯安那州、密西西比州、密苏里州和田纳西州的自然资源保护和环境质量机构组成的联盟。参与合作的联邦机构，包括USFWS、USACE、USGS、美国环境保护局和美国农业部自然资源保护局（其中，美国鱼类和野生动物服务局为密西西比河下游保护委员会提供协调服务）。

2000~2009年中期，密西西比河下游保护委员会召开了国家级规划会议，确定了密西西比河下游的栖息地恢复项目，并将其编入了恢复美国最伟大的河流计划（LMRCC，2015）。该项目旨在提高主河道栖息地的多样性，同时也为了恢复泛滥平原的水文、河川与泛滥平原之间的连通性。恢复美国最伟大的河流计划为下游的恢复工作提供了样板。USACE工程研究和发展中心通过考虑栖息地质量和恢复指数的经济效益的优先指数为拟议项目开发了一个排序系统，次级河道成为下游的优先恢复重点（Boysen et al.，2012；Killgore et al.，2012）。密西西比河下游保护委员会、USFWS和USACE通过一项独特的合作伙伴关系，对这些重要栖息地进行了有效的、低成本的修复工作，其中许多栖息地由于密西西比河河道改善计划和支流工程（如堤坝）而被改变甚至丧失。自2006年以来，通过这种合作关系，密西西比河下游保护委员会已经完成了14个次级河道修复项目，总长度超过90 km，面积近28.33 km$^2$（LMRCC，2015）。另外，开凿河道内的堤坝工程也让河流低洼地区出现了常年径流现象（LMRCC，2015），USACE管辖地区已通过维护或新建的方式进一步开凿了堤坝。

（4）密西西比河下游保护计划。美国密西西比河下游流域的濒危物种问题与中游流域相似。十多年来，USACE、USFWS 和各州保护机构合作，解决与 USACE 土木工程项目相关的濒危物种和生态系统管理问题，提供洪水风险管理基础设施，并促进下游航道的航运。这些对河流产生了重大影响的项目，现在可能成为维护、增强和恢复其生态功能的最重要和最具成本效益的方法。这些项目是通过在航道改善和航道维护项目的设计阶段考虑并纳入生态工程来实现的。此外，及早考虑保育设计可以局部改善生境功能和价值，且几乎不影响洪水风险管理、航运或工程成本。

在密西西比河下游的案例中，USACE 在正式磋商之前完成了一项保护计划[1973 年《濒危物种法》第 7（a）（1）条]，该保护计划针对内河下游三种被列出的物种——燕鸥、密苏里铲鲟和贻贝（Killgore et al.，2014）。《濒危物种法》第 7（a）（1）条要求所有联邦机构在适当情况下使用其职权来执行保护（即恢复）濒危和受威胁物种的项目。保护计划通过密西西比河航道整治项目及其支流修复项目，搭建起整个指导性机制，这些项目由 USACE 负责，用于落实各项保护措施，旨在维护和改善栖息地，最终保护河道、泛滥平原内的濒危和受威胁物种。

USACE 为航道改善计划提交了作为生物评估的保护计划（1973 年《濒危物种法》第 7 节咨询），并要求与 USFWS 正式召开研讨会（USFWS，2013）。该保护计划概述了 USACE 已经实施并将继续实施的物种保护措施：避免产生与河流工程实践直接相关的不利影响；制定和实施航道建设和维护操作指引，以保护和恢复下游的生境，如沙砾、沙洲和次级河道等；制定并实施符合成本效益的监测计划，记录物种对渠道运作的响应；通过与联邦机构、州机构和非政府组织保持伙伴关系，共同承担恢复、研究、监测的责任和成本。截至 2012 年，近 30%的下游堤坝已建成或被翻新了槽口，这使河道边界变得多样化。同时增加了冲刷孔洞，重新连接了季节性洪水淹没的栖息地（Killgore et al.，2014）。此外，USACE 已与密西西比河下游保护委员会合作，并以低成本修复了 14 个次级河道。

根据保护计划中的信息和保护措施，USFWS 于 2013 年 12 月发布了一份生物学意见，称航道改善计划不太可能危及燕鸥、密苏里铲鲟和贻贝的生存（USFWS，2013）。由于次级河道对三种被列入名录的物种的繁殖和生存来说都很重要，USFWS 利用次级河道作为替代生境来减少对这三种物种的干扰、伤害甚至捕杀（USFWS，2013）。USACE 重新启动了密西西比河地貌和河流学项目及其他研究，旨在量化次级河道的数量和质量。

## 4.2.4　增殖放流

### 1. 国家鱼类孵化场（National Fish Hatchery）

美国共有 70 家国家鱼类孵化场（其中 20 家左右位于密西西比河流域）（表 4-4）。国家鱼类孵化场与相关部门和机构合作，生产和分销鱼类，对濒危物种进行增殖放流。孵化中心也提供户外活动的机会，举办垂钓活动和教育活动。美国共 7 个渔业技术中心和 9 个鱼类健康中心指导渔业养护做法。渔业技术中心通过改进保护技术和方法来协助鱼类孵化场。鱼类健康中心能科学监测放养和野外的鱼类、两栖动物的健康，并根据需要开具处方进行治疗，最终放流到野外。国家鱼类孵化场系统致力于保护美国各地鱼类和其他水生物种种群资源。

自 1871 年以来，USFWS 一直致力于改善休闲渔业，并恢复正在减少、处于危险之中、对水生系统的健康至关重要的水生物种。美国各地的国家鱼类孵化场网络与各州和部落合作，以恢复和提高美国的鱼类和水生生物资源。USFWS 每年养殖超过 9 800 万个水生物种，以支持濒危物种的恢复及休闲渔业等发展。美国各地的国家鱼类孵化场与各州和部落合作，生产和分配用于娱乐和保护目的的鱼类，并为濒危物种提供避难所，每年都会饲养大约 73 种鱼类，如北美鲥、密苏里铲鲟、褐鳟和大西洋鲑。

表 4-4　美国国家鱼类孵化场名单

| 序号 | 州 | 名称 |
|---|---|---|
| 1 | 亚利桑那州（State of Arizona） | 阿尔切赛–威廉姆斯溪国家鱼类孵化场（Alchesay-Williams Creek National Fish Hatchery Complex） |
| 2 | 阿肯色州 | 格里尔斯渡口国家鱼类孵化场（Greers Ferry National Fish Hatchery） |
| 3 | 阿肯色州 | 猛犸泉国家鱼类孵化场（Mammoth Spring National Fish Hatchery） |
| 4 | 阿肯色州 | 诺福克国家鱼类孵化场（Norfork National Fish Hatchery） |
| 5 | 加利福尼亚州 | 科尔曼国家鱼类孵化场（Coleman National Fish Hatchery） |
| 6 | 加利福尼亚州 | 利文斯顿斯通国家鱼类孵化场（Livingston Stone National Fish Hatchery） |
| 7 | 科罗拉多州（State of Colorado） | 霍奇基斯国家鱼类孵化场（Hotchkiss National Fish Hatchery） |
| 8 | 科罗拉多州 | 莱德维尔国家鱼类孵化场（Leadville National Fish Hatchery） |
| 9 | 佛罗里达州 | 韦拉卡国家鱼类孵化场（Welaka National Fish Hatchery） |
| 10 | 佐治亚州 | 查特胡奇森林国家鱼类孵化场（Chattahoochee Forest National Fish Hatchery） |
| 11 | 佐治亚州 | 温泉区域渔业中心（Warm Springs Regional Fisheries Center） |
| 12 | 爱达荷州（State of Idaho） | 德沃沙克国家鱼类孵化场（Dworshak National Fish Hatchery） |
| 13 | 爱达荷州 | 库斯基亚国家鱼类孵化场（Kooskia National Fish Hatchery） |
| 14 | 肯塔基州 | 狼溪国家鱼类孵化场（Wolf Creek National Fish Hatchery） |
| 15 | 缅因州（State of Maine） | 克雷格布鲁克国家鱼类孵化场（Craig Brook National Fish Hatchery） |
| 16 | 缅因州 | 绿湖国家鱼类孵化场（Green Lake National Fish Hatchery） |
| 17 | 马萨诸塞州（Commonwealth of Massachusetts） | 伯克郡国家鱼类孵化场（Berkshire National Fish Hatchery） |
| 18 | 马萨诸塞州 | 北阿特尔伯勒国家鱼类孵化场（North Attleboro National Fish Hatchery） |
| 19 | 马萨诸塞州 | 理查德·克罗宁水产资源中心（Richard Cronin Aquatics Resources Center） |

续表

| 序号 | 州 | 名称 |
|---|---|---|
| 20 | 密歇根州 | 乔丹国家鱼类孵化场（Jordan National Fish Hatchery） |
| 21 | 密歇根州 | 彭迪尔斯溪/沙利文溪国家鱼类孵化场（Pendills Creek/Sullivan Creek National Fish Hatchery） |
| 22 | 密歇根州 | 沙利文溪国家鱼类孵化场（Sullivan Creek National Fish Hatchery） |
| 23 | 密西西比州 | 普莱维特约翰·艾伦国家鱼类孵化场（Private John Allen National Fish Hatchery） |
| 24 | 密苏里州 | 尼欧肖国家鱼类孵化场（Neosho National Fish Hatchery） |
| 25 | 蒙大拿州 | 克雷斯顿国家孵化场（Creston National Fish Hatchery） |
| 26 | 蒙大拿州 | 恩尼斯国家鱼类孵化场（Ennis National Fish Hatchery） |
| 27 | 内华达州（State of Nevada） | 拉翁唐国家鱼类孵化场（Lahontan National Fish Hatchery） |
| 28 | 新罕布什尔州（State of New Hampshire） | 纳舒厄国家鱼类孵化场（Nashua National Fish Hatchery） |
| 29 | 新墨西哥州 | 莫拉国家鱼类孵化场（Mora National Fish Hatchery） |
| 30 | 新墨西哥州 | 西南本地水产资源与恢复中心（Southwestern Native Aquatic Resources & Recovery Center） |
| 31 | 北卡罗来纳州（State of North Carolina） | 伊登顿国家鱼类孵化场（Edenton National Fish Hatchery） |
| 32 | 北达科他州（State of North Dakota） | 加里森水坝国家鱼类孵化场（Garrison Dam National Fish Hatchery） |
| 33 | 北达科他州 | 谷城国家鱼类孵化场（Valley City National Fish Hatchery） |
| 34 | 俄克拉何马州 | 蒂肖明戈国家鱼类孵化场（Tishomingo National Fish Hatchery） |
| 35 | 俄勒冈州（State of Oregon） | 鹰溪国家鱼类孵化场（Eagle Creek National Fish Hatchery） |
| 36 | 俄勒冈州 | 温泉国家鱼类孵化场（Warm Springs National Fish Hatchery） |
| 37 | 宾夕法尼亚州 | 阿勒格尼国家鱼类孵化场（Allegheny National Fish Hatchery） |
| 38 | 宾夕法尼亚州 | 拉马尔国家鱼类孵化场和东北渔业中心综合体（Lamar National Fish Hatchery and Northeast Fishery Center Complex） |
| 39 | 南卡罗来纳州（State of South Carolina） | 熊崖国家鱼类孵化场（Bears Bluff National Fish Hatchery） |
| 40 | 南卡罗来纳州 | 奥兰治堡国家鱼类孵化场（Orangeburg National Fish Hatchery） |
| 41 | 南达科他州（State of South Dakota） | 华盛顿布斯历史国家鱼类孵化场（D.C. Booth Historic National Fish Hatchery） |
| 42 | 南达科他州 | 加文斯角国家鱼类孵化场（Gavins Point National Fish Hatchery） |
| 43 | 田纳西州 | 戴尔霍洛国家鱼类孵化场（Dale Hollow National Fish Hatchery） |
| 44 | 田纳西州 | 欧文国家鱼类孵化场（Erwin National Fish Hatchery） |

| 序号 | 州 | 名称 |
| --- | --- | --- |
| 45 | 得克萨斯州（State of Texas） | 英克斯坝国家鱼类孵化场（Inks Dam National Fish Hatchery） |
| 46 | 得克萨斯州 | 圣马科斯水产资源中心（San Marcos Aquatic Resources Center） |
| 47 | 得克萨斯州 | 尤瓦尔迪国家鱼类孵化场（Uvalde National Fish Hatchery） |
| 48 | 犹他州（State of Utah） | 琼斯霍尔国家鱼类孵化场（Jones Hole National Fish Hatchery） |
| 49 | 犹他州 | 乌雷国家鱼类孵化场（Ouray National Fish Hatchery） |
| 50 | 佛蒙特州（State of Vermont） | 艾森豪威尔国家鱼类孵化场（Dwight D. Eisenhower National Fish Hatchery） |
| 51 | 佛蒙特州 | 怀特河国家鱼类孵化场（White River National Fish Hatchery） |
| 52 | 弗吉尼亚州（Commonwealth of Virginia） | 哈里森湖国家鱼类孵化场（Harrison Lake National Fish Hatchery） |
| 53 | 华盛顿州（State of Washington） | 卡森国家鱼类孵化场（Carson National Fish Hatchery） |
| 54 | 华盛顿州 | 恩蒂亚特国家鱼类孵化场（Entiat National Fish Hatchery） |
| 55 | 华盛顿州 | 莱文沃斯国家鱼类孵化场（Leavenworth National Fish Hatchery） |
| 56 | 华盛顿州 | 小白鲑国家鱼类孵化场（Little White Salmon National Fish Hatchery） |
| 57 | 华盛顿州 | 马卡国家鱼类孵化场（Makah National Fish Hatchery） |
| 58 | 华盛顿州 | 奎尔森国家鱼类孵化场（Quilcene National Fish Hatchery） |
| 59 | 华盛顿州 | 奎纳尔特国家鱼类孵化场（Quinault National Fish Hatchery） |
| 60 | 华盛顿州 | 春溪国家鱼类孵化场（Spring Creek National Fish Hatchery） |
| 61 | 华盛顿州 | 威拉德国家鱼类孵化场（Willard National Fish Hatchery） |
| 62 | 华盛顿州 | 温斯罗普国家鱼类孵化场（Winthrop National Fish Hatchery） |
| 63 | 西弗吉尼亚州（State of West Virginia） | 白硫磺泉国家鱼类孵化场（White Sulphur Springs National Fish Hatchery） |
| 64 | 威斯康星州 | 热那亚国家鱼类孵化场（Genoa National Fish Hatchery） |
| 65 | 威斯康星州 | 铁河国家鱼类孵化场（Iron River National Fish Hatchery） |
| 66 | 威斯康星州 | 杰克逊国家鱼类孵化场（Jackson National Fish Hatchery） |
| 67 | 威斯康星州 | 萨拉托加国家鱼类孵化场（Saratoga National Fish Hatchery） |

　　1970年，美国制定了国家种质资源分配服务计划，以支持全国渔业的可持续发展。每年，USFWS的合作伙伴提供约6 000万个鱼卵，以满足相关保护和管理目标。这些鱼卵和由此产生的鱼被用于支持休闲渔业，同时减轻由大坝建设造成的栖息地损失，恢复濒危物种的种群资源，提供无疾病的鱼卵来源，以及支持部落渔业等。USFWS专门的种苗孵化场维持着不同物种和品系的基因库，其中许多物种在野外已不复存在。

　　此外，美国食品和药物管理局批准成立了"水生动物药物批准伙伴关系"（Aquatic

Animal Drug Approval Partnership，AADAP）。这是美国唯一一个获得美国食品和药物管理局批准的能在养鱼和保护渔业资源的设施中投放所需药物的项目。

## 2. 州立鱼类孵化场（State Fish Hatchery）

本书以俄亥俄州（State of Ohio）为代表介绍州立鱼类孵化场的情况。俄亥俄州野生鱼类孵化场经营着 6 个鱼类孵化场（表 4-5），每年生产 4 000 多万条鱼，共养殖 15 种鱼类（图 4-21）。这些鱼类孵化场的运营资金来自俄亥俄州渔业捕捞许可证的销售盈利及 Sport Fish Restoration Act（《运动鱼类恢复法案》）。《运动鱼类恢复法案》是一个联邦援助计划，主要通过对特定渔具和海洋燃料征收消费税来获得资金。

**表 4-5 俄亥俄州鱼类孵化场**

| 序号 | 中文名 | 建造历史 | 建筑 | 人员 | 2020 年鱼类放流情况 |
|---|---|---|---|---|---|
| 1 | 卡斯塔利亚州立鱼类孵化场 | 1937 年被一家私人鳟俱乐部建造，1997 年被俄亥俄州自然资源部野生动物司收购 | 70 个室内鱼池，3 个室外鱼池，2 个养殖大棚 | 全职人员 5 名，季节性兼职人员 2 名 | ①虹鳟：79 876 尾（平均长度为 30.5 cm），放流在 48 个水域；②硬头鳟：469 265 尾（平均长度为 17.8 cm），放流在伊利湖的六条支流中 |
| 2 | 赫伯伦州立鱼类孵化场 | 1938 年由 USFWS 建造，1982 年移交给俄亥俄州自然资源部野生动物司 | 13 个室内鱼池，2 个养殖大棚，63 个池塘 | 全职人员 4 名，季节性兼职人员 2 名 | ①杂交梭鲈：200 万尾鱼苗和 250 万尾幼鱼；②大眼狮鲈：80 万尾鱼苗和 330 万尾幼鱼；③斑点叉尾鮰：2 717 尾可捕捞大小的鱼和 33 775 尾 1 龄鱼 |
| 3 | 金凯德州立鱼类孵化场 | 建于 1935 年的俄亥俄州保护部门，是俄亥俄州自然资源部野生动物司的前身 | 16 个室内鱼池，2 个养殖大棚，15 个池塘 | 全职人员 3 名，季节性兼职人员 1 名 | ①虹鳟：14 680 尾可捕捞大小的鱼；②杂交条纹鲈：78 626 尾幼鱼；③大梭鱼：6 035 尾成鱼 |
| 4 | 伦敦州立鱼类孵化场 | 由俄亥俄州鱼类委员会于 1896 年建立，是俄亥俄州自然资源部野生动物司的前身 | 9 个室内鱼池，1 个室外鱼池，1 个养殖大棚，33 个池塘 | 全职人员 5 名，季节性兼职人员 1 名 | ①虹鳟：3 318 尾可捕捞大小的鱼；②褐鳟：20 386 尾幼鱼和 7 647 尾幼鱼；③大梭鱼：15 609 尾成鱼 |
| 5 | 塞尼卡维尔州立鱼类孵化场 | 1938 年由 USFWS 建造，1987 年移交给俄亥俄州自然资源部野生动物司 | 12 个室内鱼池，2 个养殖大棚，37 个池塘 | 全职人员 4 名，季节性兼职人员 1 名 | ①杂交梭鲈：860 万尾鱼苗和 50 万尾幼鱼；②大眼狮鲈：1 150 万尾鱼苗和 70 万尾幼鱼；③杂交条纹鲈：504 752 尾幼鱼；④斑点叉尾鮰：3 179 尾可捕捞大小的鱼，44 109 尾 1 龄鱼和 75 054 尾幼鱼 |

续表

| 序号 | 中文名 | 建造历史 | 建筑 | 人员 | 2020 年鱼类放流情况 |
|---|---|---|---|---|---|
| 6 | 圣玛丽州立鱼类孵化场 | 1913 年由西俄亥俄州鱼类和运动协会建造，1936 年转移到俄亥俄州保护部门（俄亥俄州自然资源部野生动物司） | 25 个室内鱼池，1 个养殖大棚，26 个池塘 | 全职人员 5 名，季节性兼职人员 1 名 | ①杂交梭鲈：370 万尾鱼苗和 120 万尾幼鱼；②大眼狮鲈：120 万尾幼鱼；③金鲈：410 万尾鱼苗和 180 万尾幼鱼；④斑点叉尾鮰：3 097 尾可捕鱼和 119 941 尾幼鱼；⑤蓝鲇：93 164 尾鱼苗和 214 971 尾成鱼 |

注：俄亥俄州自然资源部野生动物司（Ohio Department of Natural Resources Division of Wildlife）；俄亥俄州保护部门（Ohio Division of Conservation）；俄亥俄州鱼类委员会（Ohio Fish Commission）；西俄亥俄州鱼类和运动协会（Western Ohio Fish & Game Association）；卡斯塔利亚（Castalia）；赫伯伦（Hebron）；金凯德（Kincaid）；塞尼卡维尔（Senecaville）；圣玛丽斯（Saint Marys）

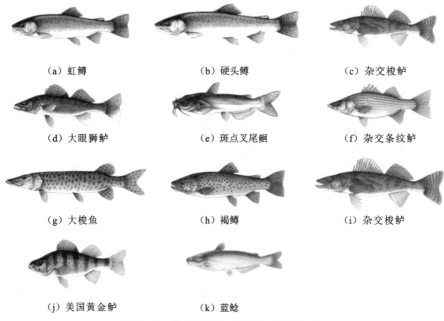

（a）虹鳟　　　　　　　（b）硬头鳟　　　　　　　（c）杂交梭鲈

（d）大眼狮鲈　　　　　　（e）斑点叉尾鮰　　　　　　（f）杂交条纹鲈

（g）大梭鱼　　　　　　　（h）褐鳟　　　　　　　（i）杂交梭鲈

（j）美国黄金鲈　　　　　　（k）蓝鲇

图 4-21　俄亥俄州鱼类孵化场养殖品种

## 4.2.5　生态鱼道和生态调度

1999 年，USFWS 创建了鱼类通道项目，在自愿的基础上与当地社区合作，通过清除或绕过障碍来恢复河流和保护美国的水生生物资源。USFWS 与社区合作，拆除过时和危险的大坝，消除了公共安全隐患，恢复了河流生态系统。该项目还与运输机构和其他机构合作，改善了河流交叉，使河流可以自然地流过所修建的设施。USFWS 修建的基础设施对洪水的抵御能力更强，并通过节省长期维修和更换成本而惠及社区。USFWS

与土地所有者合作，调整引水系统，使系统能够有效地回收和移动水，并拯救鱼类。自1999 年以来，国家鱼类通道计划已经与全国 2 000 多个当地社区、部落和私人土地拥有者合作；清除或绕过超过 3 400 个鱼类通道屏障；重新开放了超过 98 170 km 的鱼类和其他野生动物的上游栖息地。

国家鱼类通道项目为一些项目提供资金和技术援助，这些项目通过重新连接被大坝或涵洞等屏障破坏的栖息地，提高了鱼类或其他水生物种的迁移能力。USFWS 的生物学家和工程师可以为特定鱼类通道项目的规划、设计、实施和监测提供帮助。这些提案将出 USFWS 审查。在这一过程中，将使用下列标准或其他针对特定区域的标准，确定项目的优先次序和做出提供资金的决定。优先考虑的鱼类通道项目：显示出信任物种的最大生态效益；展示鱼类通过的永久利益；利用最新的科学知识和成熟的技术；证据获得最大的公众支持，并产生最大的匹配捐款。总体而言，国家鱼类通道项目平均为每个项目贡献约 7 万美元，项目的资助没有上限。鱼类通道项目提案可以由任何个人、组织、政府或机构发起，并且提案必须在 USFWS 的合作下提交和完成。

航运生态系统可持续性计划（the Navigation and Ecosystem Sustainability Program）于 2022 年 1 月 19 日通过基础设施投资和就业法获得了建设新开工和建设一般拨款。资助的两个项目是 "1200' 闸室之 25 号闸坝"（Lock 25 1200' Lock）和 "22 号闸坝鱼道"（Lock 22 Fish Passage），分别资助 7.32 亿美元和 9 710 万美元。22 号闸坝是该计划授权的密西西比河上五个鱼道地点之一，也是第一个获得建设资金的地点。该项目建造内容包括建造一条 0.06 km 宽的岩石坡道鱼道、冰/碎屑屏障、桥梁和挡板。22 号闸坝位于密苏里州附近，位于密西西比河上、汉尼拔（Hannibal）以南约 16 km 处、河流 485 km 处。鱼道结构建在大坝的溢洪道部分，距伊利诺伊州海岸最远的一侧，向下游延伸至尾水区。该项目是密西西比河上游的第一个航运生态系统可持续性项目，为鱼类进入密西西比河上游干流和支流栖息地提供途径，从而增加本地洄游鱼类种群规模并扩大鱼类分布范围。

## 4.2.6　珍稀特有物种的保护

美国鱼类委员会成立于 1871 年 2 月 9 日，现改名为 USFWS。150 年来，USFWS的鱼类和水生保护项目一直是美国景观保护和恢复美国水生生物资源的合作伙伴。USFWS 一直与各部落、各州、土地所有者、合作伙伴和利益相关方合作，以实现鱼类和其他水生物种的健康与自我维持种群的目标，并保护或恢复它们的栖息地。USFWS努力确保美国水生生态系统的健康，使所有美国人都能认识到这些极其重要的资源所带来的生态、娱乐和经济效益。USFWS 主要保护受到威胁和濒临灭绝的物种，恢复的本地鱼类和水生物种的数量，使它们不会成为濒危物种，同时减轻联邦水务项目对部落和休闲渔业的影响，以造福所有美国人，并与各州合作，防止水生生物入侵和有害物种的引入和传播。

NOAA 渔业管理处与 USFWS、其他联邦、部落、州和地方机构，以及非政府组织和私人公民合作，并根据《濒危物种法》负责保护和恢复濒危、受威胁的海洋和溯河洄游物种。

### 1. 湖鲟

1974 年，湖鲟被列为国家濒危鱼类并禁止捕捞。1984 年，密苏里州自然保护厅（Missouri Department of Conservation）与 USFWS 合作，开始在孵化场养殖湖鲟，并将 20～25.5 cm 大小的湖鲟放流到密苏里河中。密苏里州自然保护厅进行了 3 年的湖鲟修复工作取得了成果。2015 年 4 月，密苏里州自然保护厅渔业部门的工作人员证实，该州内几乎灭绝的鲟再次在密西西比河圣路易斯附近的江段自然繁殖。

自 1993 年以来，纽约州环境保护部（New York State Department of Environmental Conservation）和 USFWS 实施了一项放养计划，以实现保护湖鲟种群资源的目标。湖鲟已经在整个纽约州重新建立种群，目前的放养工作致力于提高放养种群的遗传多样性。五大湖地区也正在监测湖鲟的自然恢复种群数量。圣劳伦斯河和塞尼卡河（Seneca River）的几个地点也正在加强湖鲟产卵栖息地的恢复。纽约州环境保护厅、USFWS、美国联邦地质调查局、康奈尔大学、圣瑞吉莫霍克部落、许多地方政府、非政府组织等共同合作，以期保护和恢复湖鲟种群资源。

自 1983 年以来，湖鲟一直被列入纽约州的濒危物种名单。在没有自然恢复的情况下，1992 年开始对该物种实施恢复放养计划。该物种的恢复计划于 1994 年制定，并于 2000 年、2005 年和 2018 进行了修订。2018 年修订版提及了到 2024 年要实现的目标。在 2024 年之前，一旦七个管理区中的六个管理区能达到恢复目标，纽约州环境保护部将把湖鲟从纽约濒危物种的名单上移除。具体考核指标如下：第一，一个管理区内至少要有 750 尾性成熟的湖鲟。可以由实际野外调查来确定湖鲟数量，也可以通过相关科学方法来进行估计。在科学估计湖鲟种群数量的情况下，95%置信区间的下限为不少于 500 尾湖鲟。第二，每个产卵群应包括 150 尾性成熟湖鲟。在种群估计的情况下，95%置信区间的下限为不少于 80 尾湖鲟。第三，在过去 20 个自然年中，一个管理区内每 5 年至少要留有 3 年的湖鲟自然繁殖记录。

### 2. 密苏里铲鲟

USFWS 负责监督《濒危物种法》，其中包括恢复密苏里铲鲟的种群资源。USFWS 需要制定一个濒危物种恢复计划，概述濒危物种恢复的目标、任务、成本和时间。1990 年 9 月 6 日，USFWS 将密苏里铲鲟列入濒危物种名单。1993 年，USFWS 公布了密苏里铲鲟的恢复计划。为执行该计划，联邦、州和地方组织建立了伙伴关系。2014 年 1 月 29 日，USFWS 制定发布修订的密苏里铲鲟恢复计划。

目前，密苏里铲鲟恢复小组由联邦机构、州机构、非政府组织、大学、私营公司和普通公众的代表组成。这些小组在美国密苏里州和密西西比河下游流域的恢复优先管理区协调和实施对密苏里铲鲟的恢复行动。恢复工作包括监测野生和孵化场饲养的鲟、管理孵化场繁殖计划、研究密苏里铲鲟的生活史和栖息地需求、栖息地保护和恢复、河流管理建议。

密苏里铲鲟种群评估计划（Pallid Sturgeon Population Assessment Program，PSPAP）于 2003 年启动，并于 2006 年全面实施，以监测密苏里河上游和下游流域的密苏里铲鲟和本地鱼类群落的趋势。最初的 PSPAP（PSPAP v. 1.0）是一个基于捕捞努力的监测程序，使用相对指数（单位捕捞努力）监测种群丰度和趋势。2013 年，由 USACE 和 USFWS 领导的密苏里河恢复计划（Missouri River Recovery Program）开始重新评估监测方法（PSPAP v. 2.0），以支持新的河流管理计划。PSPAP v. 2.0 在 PSPAP v. 1.0 的基础上主要补充三个内容，对密苏里铲鲟进行监测和评估：①有效监测和评估管理效果；②开展针对性的科学研究；③开发种群数量综合评估模型（Colvin et al.，2018）。

### 3. 铲鼻鲟

USFWS 于 2010 年 10 月上旬裁定，铲鼻鲟必须根据《濒危物种法》被视为受威胁物种，因为它们的外观与密苏里铲鲟相似。这一行动终止了铲鼻鲟和密苏里铲鲟的杂交种的商业捕捞，它们通常与密苏里铲鲟共存或它们的分布范围通常重叠。根据这项联邦裁决，在这些地区用商业方法捕获的鲟必须立即放生，所有鱼卵都必须完好无损。2002~2009 年，印第安纳州（State of Indiana）的成年铲鼻鲟个体被放流到小卡诺瓦河（Little Kanawha River）和卡诺瓦河（Kanawha Rivers），试图重新引入繁殖种群。鱼苗和幼鱼也在 2006 年、2007 年和 2009 年分别投放到这些河流中。

### 4. 墨西哥湾鲟

1973 年《濒危物种法》（修订），将墨西哥湾鲟列为受威胁物种。一旦一个物种被列入《濒危物种法》，NOAA 渔业管理处就会评估并确定相关区域是否符合关键栖息地的定义。这些区域可以通过规则制定过程被指定为关键栖息地。将某个区域指定为关键栖息地并不构成封闭区域、海洋保护区、避难所、荒野保护区、保护区或其他保护区；指定也不影响土地所有权。承担、资助或允许可能影响这些指定的关键栖息地的活动的联邦机构必须与 NOAA 管理处协商，以确保他们的行动不会对指定的关键栖息地造成不利的改变或破坏。

1995 年 9 月，东南地区墨西哥湾鲟恢复/管理工作组、USFWS、海湾国家海洋渔业委员会（Gulf States Marine Fisheries Commission）和国家海洋渔业局（National Marine Fisheries Service）共同编写签订墨西哥湾鲟恢复计划。强调需要为墨西哥湾鲟产卵栖息地提供最大限度的保护。该计划的短期恢复目标是防止墨西哥湾鲟现有野生种群数量进一步减少，长期恢复目标是恢复一定数量的墨西哥湾鲟，使墨西哥湾鲟能够在管理区域的受威胁物种名单中除名。除名后，长期渔业管理目标则是在一定捕捞压力下，墨西哥湾鲟的种群能够维持一定数量。

2003 年，NOAA 和 USFWS 联合指定了从佛罗里达州到路易斯安那州的 14 个地理区域的墨西哥湾鲟关键栖息地，包括产卵河流和邻近的河口区域。这些指定的区域是因为它们包含对墨西哥湾鲟生存至关重要的特征，包括提供重要的产卵、觅食和洄游的栖息地。USFWS 致力于标记/重新捕获研究和遥测标记，以评估墨西哥湾鲟的活动，并希望获得更好的丰度估计。此外，他们还提供推广服务，向公众宣传该物种。相关科研人员和政府等合作伙伴正在对这七个产卵种群进行研究。

NOAA 和 USFWS 于 2009 年组织并主办了一次研讨会，以确定调查协议和监测程序，以满足未来评估的数据需求。主要目标是获得对整个墨西哥湾鲟范围内自然死亡率和丰度的可靠估计。这个多年调查和监测项目通过标准化数据收集方法和收集关键数据来评估墨西哥湾鲟的状况，促进了这些目标的实现。该项目于 2010 年开始，并在过去的几年中获得了额外的资金。NOAA 渔业管理处与保护组织、能源公司、州、部落和公民合作，评估并改善了墨西哥湾鲟的洄游通道。

### 5. 匙吻鲟

1989 年，USFWS 被请求《濒危物种法》将匙吻鲟列为联邦受威胁物种。请愿书未获批准，主要是因为缺乏关于 22 个州范围内匙吻鲟种群规模、年龄结构、生长或收获率的经验数据。尽管如此，对匙吻鲟种群的担忧促使 USFWS 将该物种纳入《濒危野生动植物种国际贸易公约》的保护范围。1992 年 3 月批准的《濒危野生动植物种国际贸易公约》附录 II 中增加了匙吻鲟，提供了一种减少匙吻鲟及其部位非法贸易的管理机制，并支持各种保护计划。1989 年，USFWS 开始对匙吻鲟进行保护和恢复，提出密西西比河中部流域的匙吻鲟种群评估和恢复计划。超过 120 万条人工饲养的匙吻鲟和 10 000 尾野生范围内的匙吻鲟已经被打上了编码线标签，以便增殖放流后对它们进行持续监测。州、联邦和非政府组织合作整理监测的数据并编写相关报告，帮助资源机构改进其恢复计划。2004 年，在其衰退的高峰期，匙吻鲟被列为濒危物种。USFWS 通过限制捕捞季节和捕捞数量等保护措施来监测匙吻鲟的种群数量，同时帮助该物种恢复其种群资源。根据相关规定，出口任何与匙吻鲟相关的鱼类产品都需要符合美国鱼类和野生动植物物种国际贸易有关的文件规定。

## 4.2.7 外来物种的控制

### 1. 法律法规

美国建立了一系列法律防控外来物种（图 4-22）。1966 年，National Wildlife Refuge System Administration Act（《国家野生动物保护区系统管理法》）为国家野生动物保护系统的改善提供了权威的指导方针。1966 年以后，USFWS 也出台了一系列野生动物的控制和处置相关法律，这些法律授权 USFWS 在国家野生动物保护区系统内控制、处理野生和剩余范围内的动物。其中，包括：50 CFR 30.11 野生动物控制、50 CFR 30.12 野生动物处置 50 CFR 31.14 官方动物控制操作、50 CFR 30.2 剩余野生动物的处理、50 CFR 31.2 剩余野生动物数量控制和处理方法。1981 年修订的 The Lacey Act（《莱西法案》）规定，内政部长应明确列出濒危野生动物名单，并确保其受到相关保护。1990 年，美国国会通过了 Nonindigenous Aquatic Nuisance Prevention and Control Act（《非本地水生生物危害防治法》），旨在预防、控制斑马贻贝（Zebra mussel）和其他非本土水生滋扰物种对美国沿海内陆水域的侵扰，重新授权国家海洋资助学院项目（National Sea Grant College Program）等。美国国会于 1992 年通过了 Clean Vessel Act（《清洁船舶法》），通过减少船舶污水的舷外排放来减少水污染。该法案建立了一个由 USFWS 管理的联邦拨款计划，并从水生资源信托基金的鱼类恢复账户中授权资金供各州使用。这些联邦资金用于公共宣传及抽水站和倾倒站的安装、翻新、运营、维护。1992 年通过的 Alien Species Prevention Enforcement Act of 1992（《外来物种预防执法法案》）要求农业部长与内政部、邮政局和夏威夷州（State of Hawaii）合作实施一项计划，以保护夏威夷州免受违禁植物、植物害虫和可能包含在快递中的有害动物的侵害。1992 年的 Hawaii Tropical Forest Recovery Act（《夏威夷热带森林恢复法案》）成立了夏威夷热带森林恢复特别工作组，起草了一份重振夏威夷热带森林的计划，并授权美国林业局（U.S. Forest Service）提供森林健康保护基金，以控制 USFWS 土地上的入侵植物。1996 年的 National Invasive Species Act（《国家入侵物种法》）修订了 1990 年的《非本地水生生物危害防治法》，以禁止水生滋扰物种通过压仓水进入五大湖并扩散。

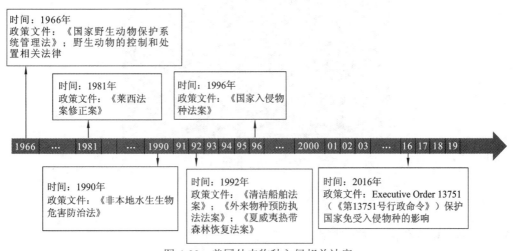

图 4-22　美国外来物种入侵相关法案

　　美国国会在 1990 年通过《非本地水生生物危害防治法》后，USFWS 与 NOAA 共同成立了水生生物有害物种特别工作组，这是唯一一个由联邦政府授权的专门致力于预防和控制水生入侵物种的政府组织。1996 年，美国国会通过了《国家入侵物种法》。水生生物有害物种特别工作组由 13 名联邦成员和 13 名代表国家或地区利益集团的前政府官员委员组成，通过建立一个协调统一的网络，提高人们对水生有害生物的认识，并采取行动预防和管理水生有害生物，共同努力保护美国的水域。水生生物有害物种特别工作组提供指导和技术支持，以制定水生滋扰物种的州或州际管理计划。他们专注于确定由州机构、地方计划、合作的联邦机构和其他机构采取的可行的、具有成本效益的管理实践和措施，以无害环境的方式预防和控制水生有害物种的入侵。水生生物有害物种特别工作组已批准了关于水生有害物种预防和控制的 42 个州计划和 3 个州际间合作计划。

2019 年，水生生物有害物种特别工作组发布 Aquatic Nuisance Species Task Force 2020～2025 Strategic Plan（《水生生物有害物种特别工作组 2020～2025 年战略计划》），计划在未来 5 年内完成以下六个目标：协调、预防、早期发现和快速反应、控制和恢复、研究、外展和教育，以期更好地保护国家不受水生有害物种的侵害（图 4-23）。

图 4-23　《水生生物有害物种特别工作组 2020～2025 年战略计划》

## 2. 亚洲鲤科鱼类的防控措施

### 1）组织机构和相关法律法规

亚洲鲤科鱼类，主要指青鱼、草鱼、鲢、鳙等鱼类，这些鱼类在美国境内属于外来鱼类。1991 年，密西西比河州际合作资源协会（Mississippi Interstate Cooperative Resource Association）成立。密西西比河州际合作资源协会是由 28 个州机构组成的合作伙伴关系，旨在加强密西西比河流域跨辖区鱼类和其他水生资源的管理。密西西比河州际合作资源协会成立了亚洲鲤科鱼类指导委员会（Asian Carp Advisory Committee），成员包括来自每个主要子流域的机构代表，包括密西西比河上游、密西西比河下游、俄亥俄河、密苏里河、田纳西河和坎伯兰河（Cumberland River），以及阿肯色河和雷德河。密西西比河州际合作资源协会的代表还包括几个主要的联邦机构合作伙伴，以及担任协调员的服务部。密西西比河州际合作资源协会在流域范围内协调密西西比河上游流域和俄亥俄河流域的优先级管理战略，如 2017 年的监测和应对计划等。

2007 年，USFWS 与其他联邦、州、地方和非政府合作伙伴合作，实施美国境内的青鱼、草鱼、鲢、鳙的管理和控制计划。美国青鱼、草鱼、鲢、鳙的管理和控制计划联合 70 个联邦、州、工业界、学术界和非政府合作伙伴,建立以地理位置为重点的亚洲鲤科鱼类控制战略框架,支持国家计划的战略性检测、预防和控制行动。其中参与的机构包括:亚洲鲤科鱼类区域协调委员会(Asian Carp Regional Coordination Committee);俄亥俄河渔业管理队(Ohio River Fisheries Management Team);密西西比河上游保护委员会(Upper Mississippi River Conservation Committee);密西西比州际合作资源协会(Mississppi Interstate Cooperative Resource Association)。该计划的目标是消灭野外除"三倍体"草鱼之外的所有亚洲鲤科鱼类。该计划由水生有害物种亚洲鲤科鱼类工作组制定,围绕七个核心目标,通过 48 项降级战略和 131 项管理、控制亚洲鲤科鱼类的建议来实现。

自 2010 年以来,亚洲鲤科鱼类区域协调委员会通过整合最新的科学进展,包括亚洲鲤科鱼类种群状况、生活史、行为和生态风险,以及管理实践和早期检测、预防和长期控制技术等,每年制定一次亚洲鲤科鱼类行动计划/监测和应对计划。亚洲鲤科鱼类区域协调委员会是由 28 个美国和加拿大的联邦、州、省、部落与地方机构和组织组成的双边合作伙伴关系,其使命是防止亚洲鲤科鱼类在五大湖区被引入和繁殖。

2013 年,美国国会通过 Water Resources Reform and Development Act(《水资源改革与发展法案》),2014 年 6 月通过亚洲鲤科鱼类防治计划,授权 USFWS 对密西西比河上游流域和俄亥俄河流域的亚洲鲤科鱼类进行预防和控制。USFWS 需要向美国国会提交关于亚洲鲤科鱼类的预防措施、密西西比河上游流域和俄亥俄河流域的年度支出报告等。同时,USFWS 需要领导多机构进行合作,共同减缓亚洲鲤科鱼类在密西西比河上游流域和俄亥俄河流域的入侵速度等。从 2015 年开始,USFWS 对五大湖以外地区的亚洲鲤科鱼类控制行动进行拨款(仅限于密西西比河上游流域和俄亥俄河流域)(图 4-24)。

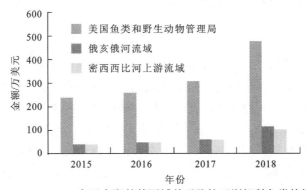

图 4-24　USFWS 在五大湖外的区域关于防控亚洲鲤科鱼类的拨款

此外,相关机构也相继发布了针对子流域的亚洲鲤科鱼类的控制战略框架。2014 年 10 月,俄亥俄河渔业管理队发布了 Ohio River Basin Asian Carp Control Strategy Framework(《俄亥俄河流域亚洲鲤科鱼类控制策略框架》)。《俄亥俄河流域亚洲鲤科鱼类控制策略框架》简要概述了预防、监测和应对、种群控制、了解影响和沟通的行动,以共同防止亚洲鲤科鱼类进一步扩张,并更好地了解亚洲鲤科鱼类的影响,尽量减少这些入侵鱼类对社会、生态和经济的影响。《俄亥俄河流域亚洲鲤科鱼类控制策略框架》中概述的协调战略直接满足美国国会在《水资源改革与发展法案》第 1039（b）条中规定的目标，通过开展旨在减缓并最终消除这些物种构成的威胁的活动，控制亚洲鲤科鱼类在密西西比上游和俄亥俄河流域及其支流的扩散。2018 年 5 月，密苏里河自然资源委员会（Missouri River Natural Resource Committee）和亚洲鲤科鱼类技术委员会（Asian Carp Technical Committee）共同发布了 Missouri River Basin Asian Carp Control Strategy Framework（《密苏里河流域亚洲鲤科鱼类控制策略框架》）。USFWS 和水生生物有害物种特别工作组决定，亚洲鲤科鱼类有必要由自然资源机构积极控制，并制定了一项国家计划来应对这些物种。密苏里河流域亚洲鲤科鱼类控制策略框架确定了六项目标和相关战略，并与国家计划和其他区域计划相关联。该框架的实施将由密苏里河自然资源委员会的亚洲鲤科鱼类技术委员会协调，旨在最大限度地减少这些入侵鱼类对密苏里河流域的社会、生态和经济影响。2018 年 8 月，密西西比河上游亚洲鲤科鱼类伙伴关系组织发布了 Upper Mississippi River Basin Asian Carp Control Strategy Framework（《密西西比河上游流域亚洲鲤科鱼类控制战略框架》），概述了针对密西西比河上游流域的亚洲鲤科鱼类的预防、遏制、控制、监测、适应性管理规划、支助性研究、交流和外联行动等。该框架旨在通过跨部门的合作、协调和高效的方式，最大限度地减少亚洲鲤科鱼类对密西西比河上游生态系统功能、游憩和航运的影响。2019 年 8 月，密西西比河流域下游亚洲鲤科鱼类团队发布了 Lower Mississippi River Basin Asian Carp Control Strategy Framework（《密西西比河下游流域亚洲鲤科鱼类控制战略框架》），该团队由 11 个州代表组成。《密西西比河下游流域亚洲鲤科鱼类控制战略框架》包括七个目标和相关的潜在战略，旨在共同减缓亚洲鲤科鱼类的进一步扩张，并更好地了解亚洲鲤科鱼类带来的影响，最大限度地减少这些入侵鱼类的社会、生态和经济影响。

### 2）防治措施

早期检测和持续监测。有效的检测工具对于确定亚洲鲤科鱼类的缺失或数量至关重要。与其他入侵物种一样，早期发现是成功阻止亚洲鲤科鱼类建立种群的关键。早期检测包括观察、记录和传达入侵鲤鱼的存在，特别是在该物种未知的地方及芝加哥地区水道系统（Chicago area waterway system）等至关重要的地区。eDNA（环境 DNA），被用作保护五大湖的早期检测监测工具。在五大湖、密西西比河上游和俄亥俄河流域对鲢和鳙进行战略性 eDNA 监测；在加拿大五大湖及其支流水域，对所有入侵鲤科鱼类进行了战略性和有针对性的 eDNA 监测。美国和加拿大的早期检测工作示例包括：自 2012 年以来，加拿大渔业和海洋部及安大略（Ontario）北部发展、矿业、自然资源和林业部已对加拿大五大湖水域实施了早期检测监测计划。伊利诺伊州自然资源部领导整个芝加哥地区航道系统的年度季节性密集监测，以检测鲢和鳙。该活动是在红十字国际委员会和几个合作组织的支持下进行的。基于科学的综合监测可以为资源管理者提供亚洲鲤科鱼类的种群分布、丰度和种群统计数据，并使其及早发现新的入侵地点。USFWS 与众多机构合作，通过五大湖水生入侵物种早期检测计划，对五大湖美国水域的水生入侵物种

（包括入侵鲤鱼）进行早期检测监测。USGS 与业界合作开发了一种便携式 eDNA 检测系统，该系统被多个州和联邦自然资源机构用于在鱼贸易中检测亚洲鲤科鱼类。为了满足这一信息需求，USGS 在伊利诺伊河上游系统的战略位置部署了多个近乎实时的声学接收器，旨在提供伊利诺伊河上游系统鲢鳙活动和位置的实时信息。了解伊利诺伊河流域上游鳙和鲢的活动和栖息地利用情况对于该管理区的清除工作至关重要。USGS 也在与西伊利诺伊大学合作，在伊利诺伊河上游的鳙和鲢身上测试具有 GPS 和卫星跟踪功能的遥测技术，尝试用办公室计算机或智能手机跟踪亚洲鲤科鱼类。

物理、化学和威慑手段控制亚洲鲤科鱼类种群数量及扩散范围。各州与专业渔民签约合作，在重要地点集中捕捞清理亚洲鲤科鱼类。亚洲鲤科鱼类所在州的管理人员已采取措施通过商业捕捞增加捕捞量。USGS 正在与各州和大学合作开展研究项目以提高捕捞量。2018 年，USGS 和合作伙伴在密苏里州马里兰高地的克里尔库尔湖（Creve Coeur Lake）清除了超过 10.9 万 kg 的鲢和鳙。

二氧化碳。USGS 的研究人员已经证明，二氧化碳对许多鱼类（包括鳙和鲢）来说是一种有效的非选择性威慑物和毒物，可用于阻止亚洲鲤科鱼类扩张到其他新的区域。USGS 设计了可安装在航行闸中的二氧化碳输注系统和输送歧管，并计划进行航行闸室规模的工程评估，以确定输注效率并评估与操作二氧化碳威慑相关的操作条件。

微粒。USGS 已经完成了针对鳙和鲢的致死微粒配方，其中含有抗霉素 A。这是一种之前在美国环境保护局注册的通用杀鱼剂，可最大限度地提高对目标物种的毒性，同时最大限度地减少与本地鱼类的接触。2017 年在沃巴什河［（Wabsh River），印第安纳州］完成了初步野外试验，主要杀死鲢（但也杀死了一些非目标物种）。USGS 正在与美国环境保护局合作，共同确定注册抗霉素的注册要求。USGS 正在寻找抗霉素的替代品，修改微粒制剂以掺入除抗霉素以外的控制剂。USGS 正在测试藻类引诱剂的控制效果并提高微粒杀鱼剂的有效性。

水下声学威慑系统（underwater acoustic deterrent system，UADS）。水下声音可以杀死或"驱赶"亚洲鲤科鱼类，同时最大限度地减少对本地鱼类的影响。2018 年，USGS 在伊利诺伊州罗密欧维尔附近的部分电子驱散屏障系统的定期维护期间，在芝加哥地区水道系统内部署了水声威慑系统。USGS 还与肯塔基州和 USFWS 合作，为布兰登路闸（Brandon Road Lock）和其他地点的大型水声威慑系统制定评估计划。2021 年 2 月 3 日，一台 350 t 的起重机在密西西比河的 19 号闸坝上安置水下声学威慑系统。USGS、美国陆军工程师研发中心的环境实验室和合作伙伴将收集未来三年的数据，以评估其在阻止亚洲鲤科鱼类在该地区入侵的效果。

电子驱散屏障系统。芝加哥地区水道系统是五大湖和密西西比河流域之间唯一的水道连接，对水生滋扰物种的转移构成最大的潜在风险。电子驱散屏障系统位于伊利诺伊州罗密欧维尔附近，在芝加哥地区水道系统内的芝加哥环境卫生和航行运河（Chicago Sanitary and Ship Canal）内。芝加哥环境卫生和航行运河是五大湖和密西西比河流域之间的人造水文连接，于 20 世纪初完成，旨在解决该地区的卫生和洪水问题。芝加哥环境卫生和航行运河的建设使芝加哥河的流向发生逆转，并适应其航运的发展。电子驱散屏障系统的作用是通过在水中维持电场来阻止亚洲鲤科鱼类和其他鱼类通过芝加哥环境卫生和航行运河在流域间交流扩散。电子驱散屏障系统由固定在芝加哥环境卫生和航行运河底部的钢电极制成。电极连接到一个管道，该管道与控制大楼的电气连接而成。控制大楼中的设备通过电极产生直流脉冲，在水中形成电场，阻止鱼通过。实验室和鱼类标记等的研究结果表明，电子驱散屏障系统是一种有效的鱼类威慑措施。

风险评估。风险评估即评估一个物种入侵、传播或造成经济、生态破坏的可能性；确定最有可能被入侵的生态系统或栖息地；并估计与物种入侵相关的其他风险。风险评估可帮助机构有效地预防或在早期发现外来物种的入侵状况，并做出明智的管理行动。例如，河流鱼卵漂移模拟器是一种数值模型工具，可用于评估亚洲鲤科鱼类（鲢、鳙和草鱼）在河流中的繁殖风险，以进一步帮助亚洲鲤科鱼类管理。该工具可用于评估流速、剪切速度和湍流扩散对亚洲鲤科鱼类卵的运输和扩散模式的影响。目前，美国已对鳙、鲢（2012 年）和草鱼（2017 年）进行了双边生态风险评估，总结了这些物种在五大湖流域建立种群的潜在生态后果。USGS 的科学家与各机构合作，进行风险评估和生活史的研究，以提高机构管理亚洲鲤科鱼类的能力，尽量减小亚洲鲤科鱼类的扩张范围。

扫一扫，看本章彩图

# 第 5 章
# 长江水生态综合修复策略

## 5.1 借鉴密西西比河修复经验

### 5.1.1 积极开展长期生态监测

长期监测数据能为恢复和管理更健康、更有复原力的生态系统提供重要信息。长期数据也有助于相关部门探测到河流中原本不被注意或无法量化的重要变化。了解生态系统长期动态变化有助于制定有效的管理方法和修复措施。探究水生生物群落格局及其驱动因素的变化趋势能为相关制度的制定提供方向，特别是当水生生物群落格局及其驱动因素的变化接近阈值时,相关管理部门可采取有效行动来缓解或遏制水生生态系统衰退,从而尽量减少制度根本性的改变。

1. 密西西比河

1986 年《水资源发展法案》制定了环境管理计划，以监测和修复密西西比河上游流域。该项目后来被重新命名为密西西比河上游恢复计划，包括两部分：栖息地恢复和改善项目与长期资源监测项目。密西西比河上游恢复计划由 USACE 管理，并通过由多个联邦和州机构组成的广泛伙伴关系开展工作。USGS 为密西西比河上游恢复计划长期资源监测项目提供科学指导，国家机构人员负责实地数据收集并进行数据分析。密西西比河上游恢复计划长期资源监测项目已在密西西比河上游流域的六个研究区域中监测鱼类、水质和植被约 30 年（即 1993 年至今）。该项目有效且全面地将监测、研究、建模和数据管理相结合，提供有关生态资源状况和趋势的关键信息。长期资源监测项目数据库是世界上大型河流系统中最广泛和最全面的数据集之一。这些信息被资源管理者、规划者、行政人员、科学家、学者和公众广泛使用，从而加强了对河流的管理行动和科学调查。

密西西比河上游恢复计划包括对河流的关键因子进行长期资源监测，即密西西比河上游恢复计划中长期资源监测项目对河流的关键因子进行长期资源监测，关键因子包括水质、渔业、水生植物、土地覆盖/土地利用，以及地形和水深。该项目为河流管理者提供他们需要的基础数据，以便做出合理的修复决策。该数据库由 USACE、USGS、USFWS、美国环境保护局、美国农业部自然资源保护局、伊利诺伊州、艾奥瓦州、明尼苏达州、密苏里州和威斯康星州共同创建（1986 年《水资源开发法案》第 1103 条）。总的来说，该计划提供了基础的理论知识，便于河流管理者进一步了解河流的健康现状和发展趋势，并对密西西比河上游生态系统进行有效管理。这些合作伙伴对密西西比河上游恢复计划的投资价值约为 100 万美元/a（图 5-1）。在过去 33 年中，该计划完成了几项重大举措，包括向国会提交的四份报告、两份栖息地需求评估（2000 年和 2018 年）、两份状态和趋势报告、两份栖息地恢复设计手册、密西西比河上游恢复战略和运营计划、两份密西西比河上游恢复长期资源监测要素战略计划，并为适应性管理制定了明确的方法。

图 5-1　密西西比河上游恢复计划长期资源监测项目合作伙伴

密西西比河上游恢复计划协调委员会（The UMRR Coordinating Committee）作为跨机构协调的系统级咨询机构，讨论并寻求就密西西比河上游恢复计划预算和政策事项，以及就栖息地恢复、科学研究和监测方面的优先事项和问题达成共识。密西西比河上游恢复计划还设有常设和特设协调小组，供合作伙伴讨论长期资源监测项目与生境修复和改善计划（Habitat Rehabilitation and Enhancement Projects）相关的技术实施问题。这种深思熟虑和有意义的协调对该计划的成功至关重要，现在已成为其他区域、国家和国际生态系统恢复计划的典范。密西西比河上游恢复计划授权立法指定密西西比河上游流域协会（图 5-2）负责总体规划。密西西比河上游流域协会主要负责密西西比河上游恢复计划政策和预算问题，并协助实施该计划。

图 5-2　密西西比河上游流域协会图标

为了对长期资源监测项目的实施提供更详细的科学指导，成立了另一个跨机构委员会——"分析小组"。该团队就长期资源监测项目的工作重点、年度工作计划、研究活动提供科学和技术指导。该团队由来自联邦和州机构的生物学家和其他技术人员组成。

栖息地恢复和改善项目的规划由三个军团区中的每个跨部门团队进行指导。这些小组包括河流资源论坛（圣保罗区）、河流资源协调小组（罗克岛区）和河流资源行动小组（圣路易斯区）。伊利诺伊河的项目规划也与伊利诺伊河协调委员会协调。这些跨机构的地区团队还提供与其他河流管理活动的重要联系。

此外，公众可通过三种方式参与密西西比河上游恢复计划：当地政府组织的方式；运动、环保及工业等非政府机构组织的方式；个人独立参与。公众非常积极地参与最初的密西西比河上游恢复计划的授权，并通过监测生境项目与长期资源监测项目的实施继续影响该计划。公众参与的范围包括为具体项目提供意见，参与更多的区域性、规划级别的事务。

## 2. 长江

目前，长江流域缺乏长期系统的科学监测，且大部分监测任务由各个政府单位或事业单位承担。监测单位不固定，且各单位之间的监测数据存在重叠、不共享、不全面等问题。这不仅会造成人力财力的浪费，而且因数据不共享而导致信息不完整，从而影响研究结果甚至法律政策方向。因此，长江流域可借鉴密西西比河上游恢复计划长期资源监测项目，建立长江流域长期资源监测项目，成立长江流域保护与恢复计划协调委员会，以及监测团队来开展长期监测。

建议设置长江流域保护与恢复计划协调委员会为管理团队，分设 4 个小组进行长江流域长期监测项目管理。其中，包括监督与技术咨询小组、报告发布与宣传小组、项目规划小组和财政小组。 监督与技术咨询小组负责监督各个监测单位的监测任务完成情况，并为其监测任务提供技术标准和技术规范，同时对各个监测任务进行初期、中期和末期考核，督促长江流域长期资源监测任务科学、系统、持续地完成。报告发布与宣传小组负责整合各单位、各类型的监测数据，并进行数据分析、报告产出、信息发布等有关工作。项目规划小组负责规划常规监测任务，以及相关创新课题的选题立项和招标等。财政小组则承担科研、预算、财务、固定资产、政府采购、内部审计、单位合作等管理工作。

此外，建议成立固定的监测团队，长期持续性开展监测任务。从生物、生境和水环境三方面出发，全面系统地开展监测任务，并定期将各个单位负责内容的相关数据和研究报告提交至长江流域保护与恢复计划协调委员会，以便委员会进行分析整理和汇总。

目前，长江监测任务存在监测点位和时间不固定、监测方法（网具等）不统一、监测对象（鱼类、浮游生物、底栖生物）不全面等问题。因此，建议借鉴参考密西西比河上游恢复计划长期资源监测项目中的监测指标，建立一套适用于长江的监测体系。例如，长江的监测对象可从生物、生境和水环境三方面出发，全面系统地对水生生态系统进行监测评估。其中，生物监测对象主要包括江豚、中华鲟、长江鲟，以及鱼类等其他水生生物。生境监测指标包括水文、泥沙、鱼类三场（产卵场、索饵场、越冬场）、河岸带状况、岸线开发程度、沙洲、河漫滩状况等。水环境监测指标则包括水质物理和化学指标等。

## 5.1.2 开展大型生态修复工程

### 1. 密西西比河

密西西比流域已开展诸多大型生态修复工程，包括密西西比河上游生态修复项目：航道疏浚 GREAT I、GREAT II、GREAT III 项目；密西西比河上游恢复-环境管理项目；航运生态系统可持续性计划；密西西比河上游恢复计划；密西西比河中下游生态恢复项目；避免和最小化水闸与大坝负面影响计划；密西西比河中游生物保护计划；恢复美国最伟大的河流计划；密西西比河下游保护计划。密西西比流域的生态修复项目主要从河岸带生境（如河漫滩等）、河道内生境（如沙洲岛屿和次级河道等）、航运整治（如航道建设和通航量控制等）、生态鱼道和生态调度等多方面开展大型生态修复工程，旨在恢复或增加河流栖息地的多样化。

### 2. 长江

#### 1）河岸带生境保护与修复

根据长江中下游干流岸线环境现状，北岸开发岸线较为集中的区域主要是荆江江段、武汉江段、彭泽江段、马鞍山江段、江阴江段及上海江段；南岸主要分布在荆江江段、监利江段、洪湖江段及江阴以下江段。总体来看，江西湖口至江苏南京之间保持了较为自然的连续岸带环境，而江苏镇江以下水域，岸带开发较为严重。武汉以上江段，虽然存在一些自然的岸线，但是分布不连续，呈现破碎化。因此，应优先考虑修复上述岸线开发较为严重江段，以增强主河道和洪泛平原之间的横向连通性，增加河漫滩生境的多样性。未来应从河岸带生态系统结构与功能整体恢复角度出发，利用自然恢复、多功能植被修复和硬质堤岸生态化改造等修复技术改善长江河岸带生境状况。

#### 2）河道内生境修复与保护

保护与修复鱼类的产卵场。维持天然河道蜿蜒性、控制河道坡降、保护岸坡生态、因地制宜种植当地植被、建设植被缓冲带、拦截泥沙、清淤、适当改造深潭和浅滩。同时，通过修建堆石坝、抬升河床表面高程、适当堆积卵砾石块成堤坝、放置不同尺寸和类型的卵石、砾石塑造人工模拟鱼类产卵场。

保护江豚的栖息空间。根据 2017 年中国科学院水生生物研究所江豚调查结果，江豚的出现频率分为重度敏感区、中度敏感区和生物较稳定区域。在中游地区武汉段、荆江段等江段航运繁忙，江豚生存空间小，出现频率较低，属于江豚的中度敏感区和重度敏感区域，需要进行河段的河道工程建设，为江豚拓展栖息空间。此外，针对航运繁忙的河道可以建设丁坝等设施作为水生生物栖息索饵的场所，为江豚等大型水生生物拓展生存空间。

加强沙洲和次级河道的保护。研究发现，江豚出没的地方环境特征大多相似：存在大面积的浅滩；水流速度相对平缓，一般为 0.3～0.5 m/s；水深一般 4～20 m，坡度平缓；底质为淤泥，有机质丰富，浮游底栖生物量较大；鱼类资源丰富；沿岸植物茂盛。沙洲周边水域尤其是未通航的次级河道水域集中体现了这些环境特征，是江豚适宜的栖息地。长江干流沙洲较多，中下游干流共有不同形状大小的河道沙洲 119 个，其中中游 56 个，下游 59 个，河口 4 个。对长江中下游的沙洲进行筛选，选择有次级河道的沙洲进行修复。对于清水下泄导致的沙洲退化，要加强对沙洲的保护，减少人类活动，增加沙洲上植被覆盖；对于次级河道的保护需要开展生态工程修复，禁止在次级河道内开展除科研调查以外的任何形式的人类干扰活动，尤其是大型航运码头的建设和工厂排污。对于拥有次级河道的点沙洲和侧沙洲建立的保护区，进行次级河道生境修复，撤除次级河道内不利于水生生物生活的一切人工设施。

### 3）航运整治

防治船舶和港口污染。全面系统提升长江经济带船舶和港口污染防治能力，打好污染防治攻坚战，加快推进航运绿色发展。一方面，开展长江船舶港口污染突出问题治理。集中力量检查长江船舶垃圾、污水收集与送交、岸上接收与转运处置情况，严厉打击各类不按规定收集、处置污染物及违规排放等行为。另一方面，加快污染防治设施建设使用。包括：加快推进船舶防污设施的配备和使用、加快港口船舶污染物接收设施的建设和运行、加快提升船舶污染物的公共接收能力，以及加快完善港口码头自身环保设施建设和运行等。

整治"三无"船舶。"三无"船舶[无船名船号、无船舶证书（无有效渔业船舶检验证书、船舶登记证书、捕捞许可证）、无船籍港]在长江航道上都存在非法采砂、非法捕捞、非法载客、收购废品、长期停泊等行为，严重地扰乱了长江航道上的秩序。因此，定期开展长江"三无"船舶专项整治，有助于维护长江及内河通航安全和水域环境。

严格管控港口岸线资源利用。结合沿江和内河港口码头布局规划调整，合理布局建设和规范提升码头设施。严格港口岸线审批特别是临时使用的港口岸线审批，严格管控沿江新增港口岸线。全面梳理排查长江港口岸线使用情况，对违规使用港口岸线和未批先建等情况要制定整改措施并迅速整改。要落实长效管理机制，清理取缔和整治非法码头，持续巩固沿江非法码头整治成效。

科学规划航线。科学规划航线旨在禁止大型船只乱行乱走，避开大型水生生物喜好的繁殖和生活区域。积极改善航运对水生生物的负面影响，以实现可持续的河流航运和河流生态系统的总体目标。

### 4）建设生态通道和开展生态调度

大坝建设使河流纵向连通性降低，从而使鱼类无法完成迁移行为，最终导致鱼类生物多样性减少，资源量下降，甚至物种灭绝。拆除大坝是恢复河流连通性的方式之一，但是由于技术复杂性，经济、环境等因素影响，这种方式并不完全理想。然而，过鱼设施作为一种生态补偿措施，能够维持河流连通性，为鱼类提供洄游通道。因此，一方面，本书建议清理整顿长江流域小水电行业，但须谨防"一刀切"关停对民生保障、生态环境保护、实现碳中和目标造成巨大伤害与阻碍。另一方面，对于重要的中大型水电站，在进行充分论证的基础上考虑进行鱼道设计、建设与运行。该过程不仅需要鱼类学、生态学、水力学、水工学等多学科的结合，同时需要经历认识—实践—再认识—再实践的反复过程。本章建议通过进一步开展技术研究和运行管理，有效提升长江流域过鱼设施的整体发展水平，其中包括增强过鱼设施的效果评价、提高过鱼设施普及率、加强针对过鱼设施设计的基础生物学研究，以及针对长江鱼类研究适宜的下行过鱼设施等。此外，保护通江湖泊的通江水道及其邻近湖口的长江干流江段对保护鱼类多样性十分重要。宜昌和监利江段是重要的鱼苗生产基地，一些保护政策集中保护这个江段。由于下游江段也受到三峡大坝微弱的影响，因此本书建议应主要保护监利江段及其下游江段。此外，下游湖口水域的江湖连通状态为淡水鱼类的繁殖洄游和生长育幼提供了关键通道，对维持鱼类生物多样性和种群补充具有不可估量的生态学意义，因此江湖连通的自然特征必须予以维护，例如，应将鄱阳湖湖口江段及其附近水域设为优先保护江段，将其作为渔业资源和豚类资源保护的重点区域。

此外，在长江梯级水库建成并常态化运行的情况下，需要更多地从长江中下游生态需水的角度来考虑长江流域水库的统一调度，特别是在鱼类的繁殖季节要进行统一调度，以保证鱼类资源在长江的自然增殖。通过生态调度制造洪峰恢复坝下的生态环境是减缓大坝生态影响最为有效的措施之一。目前促进鱼类（主要是"四大家鱼"）繁殖的水库的生态调度主要在5月下旬和6月。监利江段仔鱼的高峰出现在7月中旬，因此进行人工洪峰的时间也应该做出适当的调整，才能有效地促进鱼类种群的补充。重新建立长江干流与泛滥平原湖泊的连通，即"灌江纳苗"，在鱼类的繁殖期打开湖泊的闸门让在江中出生的仔鱼和幼鱼进入湖泊中育幼。"灌江纳苗"的时间应该根据不同江段仔鱼高峰期时间动态设定。在监利上游江段，湖泊开闸的时间应该在7月中旬或者更晚些；在武穴江段，5月中旬及7月上旬是比较合适的湖泊开闸时间。此外，开展闸坝生态调度能对干流水沙进行调节，减缓冲刷带来的负面影响。在以后的研究中，需要进一步加强对生态数据的收集及利用，结合河道内流量增量法，对河道内生态需水模拟计算作研究，讨论鱼类产卵的相关影响因素，并且把这些因素简化为水深、流速、水温、底质、溶解氧等因子，根据专家意见和重要鱼类的产卵场适宜性数据，确定重要鱼类（如"四大家鱼"等）的适宜性曲线。利用各类生态模型，模拟不同流量下水深、流速及其他因子的情况，得到流量与鱼类栖息地适宜性面积之间的动态关系，推荐每个月最小生态流量值，为维护河流生态系统结构与功能提供科学依据。

### 5.1.3　有效防控外来物种

#### 1. 密西西比河

密西西比河通过建立一系列法律法规，对外来物种进行防控。由于密西西比流域的亚洲鲤科鱼类入侵问题十分严重，因此美国设立了专门的组织机构——亚洲鲤科鱼类区域协调委员会，并制定相关法律法规和行动计划（如 2016~2021 年亚洲鲤科鱼类行动计划等），采取一系列防治措施，如早期检测和持续监测亚洲鲤科鱼类；物理、化学和威慑手段控制亚洲鲤科鱼类种群数量及扩散范围，包括二氧化碳、微粒、水下声学威慑系统、电子驱散屏障系统等，并对亚洲鲤科鱼类的入侵进行风险评估（4.2.7 节）。

#### 2. 长江

根据长江流域外来水生生物基础资料不全、入侵风险和危害不明、防控技术匮乏的现状，未来长江流域的外来物种入侵防控工作应紧跟国家需求、产业需求和社会需求，从外来物种的分级分类管理、长期监测、全国性普查、入侵现状、风险评估、入侵机制、防控技术开发与应用、科普宣传与技术服务等方面开展长期、全面和深入性的研究、防控与治理工作。具体措施包括：海关等部门要做好源头预防工作；科研监测机构要加强监测和风险评估，并研发有效的防控技术；政府相关部门要及时向社会更新外来物种名录，并积极组织开展灭除、放生、弃养的引导，做好相关科普教育宣传工作；社会公众和相关从业者要遵守法律法规和管理要求等。

### 5.1.4　加强鱼类增殖放流

#### 1. 密西西比河

密西西比河流域不仅有国家级鱼类孵化场，各州政府还建立了州立鱼类孵化场，合作开展鱼类增殖放流活动，以支持濒危物种的恢复及休闲渔业等发展（4.2.4 节）。针对密西西比河流域的鲟，NOAA 渔业管理处与 USFWS、其他联邦、部落、州和地方机构合作，还与非政府组织和私人公民合作，积极开展增殖放流活动，并有效监测其种群动态和洄游路线（标记重捕法/遥测标记），评估放流效果，开展有针对性的科学研究和开发种群数量综合评估模型等（4.2.4 节）。

#### 2. 长江

为弥补长江鱼类种群资源补充量的不足，本书建议首先应建立更多鱼类人工增殖放流站，对每个增殖放流站制定各自的增殖放流规划，包括放流种类、放流规格、放流雌雄鱼类的性别比例、放流量多少、放流时间和地点等内容。一方面，增殖放流站需突破珍稀特有鱼类和濒危鱼类的养殖技术，对这些鱼类进行保育和放流。另一方面，增殖放流站可捞取在湖泊中繁殖的仔鱼，将其在培育有大量浮游生物的池塘中饲养 2～3 月，然后放回江河湖泊，增加湖泊的渔业资源量，提高湖泊渔业生产性能和生产能力。此外，严禁放流外来物种，破坏当地生态格局。

## 5.1.5  绿色发展商业与休闲渔业

### 1. 密西西比河

#### 1）商业渔业捕捞管理

与墨西哥湾、大西洋和太平洋海岸，以及劳伦五大湖（Laurentian Great Lakes）区高度商业化的渔业相比，密西西比河流域商业渔业规模更小，且以家庭为单位。在密西西比河流域北部地区，发放的商业许可证越来越少，商业渔业捕捞活动也越来越少。然而，在密西西比河流域南部的河段，商业渔业仍然相当强大，甚至将商业捕捞的对象重点转向亚洲理科鱼类，如鳙等，从而降低外来种鱼类对本地种鱼类的危害。

#### 2）休闲渔业发展

休闲渔业是密西西比河流域提供的重要生态系统服务功能之一。休闲渔民可以根据自身对鱼类多样性和生物量的观察，表达个人对河流健康状况的看法。密西西比河流域的休闲渔业发展以各州为单位，根据各州的鱼类资源和水资源的状况，从多方面对休闲渔业进行管理，包括垂钓捕捞许可证、垂钓规定、划船管理规定、鱼类食用警示、垂钓管理规定、垂钓类种类、垂钓地点、鳟渔业、鱼类食用指南、钓鱼大师计划等。不仅丰富了人们的休闲娱乐生活，也对当地的鱼类多样性进行科学有效的保护和可持续发展。

### 2. 长江

#### 1）商业渔业捕捞管理

严格执行长江十年禁渔令，禁止除科学研究与调查以外的任何形式的渔业捕捞。过度捕捞渔业资源是长江鱼类资源衰退的原因之一。一方面，捕捞人数逐年上涨，长江流域渔业捕捞专业劳动力人数从 1980 年的 35.4 万人增长到 2017 年的 62.2 万人，长江干流天然渔业捕捞量逐年下降。另一方面，由于小网目的过度使用，以及禁渔期偷捕电捕等现象，长江鱼类小型化现象十分严重。长江干流的渔业资源量大幅衰减，从 1954 年的 43 万 t 下降到 2011 年的 8 万 t。因此，本书建议各地政府严格执行十年禁渔令，稳步推进渔民安置和转产。

同时，各政府应加大对长江流域水生态学基础性科研的支持力度，完善水生态监测机制，支持并协助相关科研单位进行长江流域水生生态系统科研调查，加快开展长江生态保护修复技术研发。通过在长江干支流、大型通江湖泊等典型水域设立代表性监测断面，进行水生生物及水环境调查，以及对长江江豚、中华鲟等代表性物种的种群数量等生物学特征进行调查，按照个体、种群、群落及生态系统等不同的层次，综合评估十年禁渔令的生态修复效果，为未来长江生态保护政策的制定提供参考与科学支撑。

**2）休闲渔业发展**

随着长江流域重点水域禁捕工作持续推进，长江流域部分地区无序垂钓行为成为破坏水生生物资源的重要因素，影响了禁捕后的禁渔管理秩序和水域生态保护恢复效果，需要进一步完善长江流域垂钓管理制度，建立健全垂钓管理机制。因此，本章基于农业农村部办公厅印发的《关于进一步加强长江流域垂钓管理工作的意见》，结合密西西比河流域休闲渔业管理经验，制定了一套科学详细的适用于长江流域的休闲渔业管理办法，具体办法如下。

健全管理制度。各地渔业部门要积极推动县级以上人民政府，按照《中华人民共和国渔业法》《中华人民共和国渔业法实施细则》等法律法规及长江流域重点水域禁捕有关规定要求，结合本地实际情况，尽快制定并发布本地区垂钓管理办法。对垂钓个人和团体进行登记备案，严格控制垂钓人数及钓具数量，为垂钓管理工作提供健全的制度保障。各地要根据水生生物产卵、索饵、洄游等特点，制定垂钓期和非垂钓期，列出各个垂钓地点中的可垂钓种类和尾数清单。各地人民政府在科学评估不同钓具、钓法对水生生物资源的影响基础上，具体列出禁用钓具名单及推荐钓具名单。根据 IUCN 和《中国生物多样性红色名录》，本书建议禁止垂钓濒危鱼类，包括极危、濒危和易危三大类，以及中国特有种和长江特有种鱼类。关于其他鱼类可垂钓尾数及体长、体重大小等要求，则需当地部门进行科学系统的渔获物调查后，根据不同鱼类的丰度情况，进行具体的垂钓尾数规定。此外，各级渔业主管部门及渔政执法机构要将垂钓行为监管纳入日常管理范畴，开展专群结合的巡查和检查，积极利用护渔员等协助巡护制度发现和监督并制止非法垂钓行为。对违反垂钓管理制度的行为进行相应的罚款甚至法律处罚。

明确垂钓区域。各地要按照《中华人民共和国自然保护区管理条例》《水产种质资源保护区管理暂行办法》等规定，科学合理划定禁钓区和水生生物保护区。严格控制长江干流、重要支流及鄱阳湖、洞庭湖等通江湖泊的垂钓范围，科学划定禁钓区或垂钓区。根据《农业农村部关于长江流域重点水域禁捕范围和时间的通告》，长江流域的水生动植物自然保护区和水产种质资源保护区自 2020 年 1 月 1 日起，全面禁止生产性捕捞（图 5-3）。水产种质资源保护区的建立有利于恢复淡水"四大家鱼"、长吻鮠、鳜（*Siniperca chuatsi*）、翘嘴鲌（*Culter alburnus*）、中华鳖（*Pelodiscus sinensis*）、黄鳝（*Monopterus albus*）等一大批重要水产种质资源数量、维护生物多样性、改善水域生态环境，对实现生物资源永续利用发挥了重要作用。因此，本书建议禁止在长江流域的 332个水生动植物自然保护区和水产种质资源保护区内进行垂钓活动。此外，长江流域已建立保护长江江豚相关的自然保护区 13 处，如湖北监利何王庙江豚省级自然保护区、湖北长江天鹅洲白鱀豚国家级自然保护区、湖北石首麋鹿国家级自然保护区、湖北洪湖国家级自然保护区、安徽省铜陵淡水豚国家级自然保护区、江苏镇江长江豚类省级自然保护区、江苏南京长江江豚省级自然保护区等，覆盖了 40%长江江豚的分布水域，保护了近80%的种群。这些江豚保护区内也应严禁开展垂钓活动。对于长江流域其他地区，各地人民政府应集中规划垂钓区域，以便后期进行监督管理。垂钓区域应避开当地科研调查研究区域、鱼类产卵场、鱼类增殖放流点、干支流河口、湖口等重要水生生物栖息地。

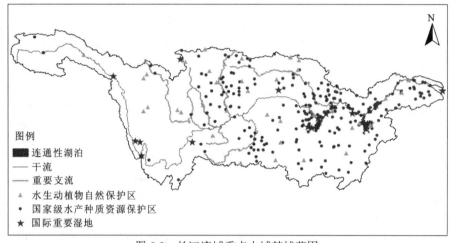

图 5-3　长江流域重点水域禁捕范围

各地人民政府应发放一定数量的垂钓许可证，当地居民只有在购买垂钓许可证后才可进行垂钓活动，否则视为非法垂钓。垂钓许可证的发放有助于限制和了解垂钓人数与垂钓时间，并对购买垂钓许可证的居民进行垂钓规定教育，同时宣传环境保护理念。此外，居民可根据自身需要购买不同的垂钓许可证。长江每年的 3 月 1 日～6 月 30 日为鱼类的繁殖期，仅周末才可进行垂钓，具体见表 5-1 所示。

表 5-1　长江垂钓许可证

| 名称 | 价格/元 | 内容 | 数量 |
|---|---|---|---|
| 年度垂钓许可证 | 300 | 在规定的 1 年时间内，居民有权使用运动钓具在本省水域内垂钓。3 月 1 日～6 月 30 日，仅周末才可进行垂钓 | 每人每日仅限 10 尾 |
| 季度垂钓许可证 | 100 | 在规定的 3 个月时间内，居民有权使用运动钓具在本省水域内垂钓。3 月 1 日～6 月 30 日，仅周末才可进行垂钓 | 每人每日仅限 10 尾 |
| 7 天垂钓许可证 | 30 | 在规定的 7 天时间内，居民有权使用运动钓具在本省水域内垂钓。3 月 1 日～6 月 30 日期间，仅周末才可进行垂钓 | 每人每日仅限 10 尾 |
| 3 天垂钓许可证 | 15 | 在规定的 3 天时间内，居民有权使用运动钓具在本省水域内垂钓。3 月 1 日～6 月 30 日，仅周末才可进行垂钓 | 每人每日仅限 10 尾 |

续表

| 名称 | 价格/元 | 内容 | 数量 |
|---|---|---|---|
| 1 天垂钓许可证 | 5 | 在规定的 1 天时间内，居民有权使用运动钓具在本省水域内垂钓。3 月 1 日～6 月 30 日，仅周末才可进行垂钓 | 每人每日仅限 10 尾 |
| 残疾人垂钓许可证 | 5 折 | 根据购买的类别（年度、季度、7 天、3 天、1 天），在规定的时间内，居民有权使用运动钓具在本省水域内垂钓。3 月 1 日～6 月 30 日，仅周末才可进行垂钓 | 每人每日仅限 10 尾 |
| 退役军人垂钓许可证 | 5 折 | 根据购买的类别（年度、季度、7 天、3 天、1 天），在规定的时间内，居民有权使用运动钓具在本省水域内垂钓。3 月 1 日～6 月 30 日，仅周末才可进行垂钓 | 每人每日仅限 10 尾 |
| 现役军人垂钓许可证 | 免费 | 根据购买的类别（年度、季度、7 天、3 天、1 天），在规定的时间内，居民有权使用运动钓具在本省水域内垂钓。3 月 1～至 6 月 30 日，仅周末才可进行垂钓 | 每人每日仅限 10 尾 |

# 5.2　独具长江特色的修复策略

## 5.2.1　增强河湖连通性

通过保护现有通江湖泊的连通性并改善长江中下游的湖泊与长江干流之间的通道，进行湖泊生境修复工程，以进一步增加长江的水生态空间，确保水生动物如鱼类有更多的自然繁殖地。一方面要保护现有通江湖泊，如洞庭湖、鄱阳湖和石臼湖；另一方面，要尽快消除湖泊之间的障碍，恢复通江的状态。据统计，长江沿岸湖泊中鱼类达到了 173 种。研究发现，要实现通江湖泊的最低恢复面积需要大约 14 400 km$^2$，远远大于当前通江湖泊的总面积 5 500 km$^2$。这就需要将 8 900 km$^2$ 的阻隔湖泊重新与长江连接起来（Liu and Wang，2010）（图 5-4）。综合考虑湖泊的保护潜力，应优先考虑位于中游的各类牛轭湖、洪湖、梁子湖群，以及位于下游的安庆湖群等。

## 5.2.2　管控商业采砂活动

长江河道采砂管理工作具有艰巨、复杂、长期、敏感等特点，因此，采砂规划需要进一步发展和完善。采砂规划应与时俱进，不断提高规划的科学性，增强规划的协调、适应和可操作性，正确处理长江保护与经济发展的关系，更好地满足长江中下游干流河道采砂管理的需求，为新时代长江经济带的高质量发展和生态文明建设提供服务。为了降低水生生物资源和栖息地的损害，相关部门应在划定合法的采砂区时考虑当地水生生

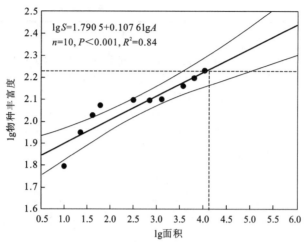

图 5-4　长江泛滥平原通江湖泊鱼类最小保护面积估算（王洪铸 等，2019）

物资源和栖息地状况，并尽量选择生物多样性较低的区域进行开采。同时，还要合理规避已划定的保护区、饮用水源地、桥梁附近、码头处，并远离重要的栖息地和产卵场。为了避免地方人民政府在商业采砂活动管理中发生既充当裁判员又充当运动员的情况，应设立独立的监管机构。对于大规模开采的河段，应规定 3～5 年的正常修复期限，并避免在原有采砂区域继续开采。同时，相关部门应对合法的采砂业进行监管，并取缔非法采砂业。

## 5.2.3　进一步保护江豚栖息地

随着长江环境的日益恶化，想要成功保护江豚就需要建立更多的就地保护区和迁地保护区。就地保护是指保护长江江豚的原有栖息地，也就是保护长江的生态环境。目前我们在保护区所做的主要工作有：加大管理力度，在长江江豚关键活动水域岸带设立警示牌，以减少对豚类的干扰。全年加大重点江段的巡护力度，严厉打击危害水生动物的违法行为；聘请兼职管护员，及时发现问题并汇报和现场处置。当前就地保护还要加大保护力度，采取一些更有效的保护措施：①提高保护区的监管力度。抓紧制定保护区建设、管理和科研工作的有关规范条例和政策标准，建立自然保护区管理和监测网络。②实行严格的禁渔措施，保证鱼类资源得以不断恢复和发展。③严格核心区管理。在核心区禁止人为活动的干扰，保护完整的湿地生态系统。④加强生态宣教工作，提高民众的保护意识。自然保护区事业是社会事业的重要组成部分，发展自然保护区事业是人类文明和进步的标志。必须要向全社会大力宣传保护区工作的重要性，让广大民众自觉地关心并参与到保护物种和生物多样性的工作中去。加强对广大社区居民生态保护法律、法规，相关政策的宣传和教育培训工作，使社区居民认识物种保护的重要性，了解自然保护和人类自身的联系，认识到保护自然就是保护人类的生存和发展，从而增加保护物种的自觉性。

在保护遗传学上，迁地保护的目的是最大限度地保护自然种群的遗传多样性，在现实种群中，迁地保护的目标为 100 年内保护 90% 的遗传多样性。将天鹅洲迁地保护种群、铜陵迁地保护种群与自然种群的遗传多样性相比较，发现目前这两个迁地保护区不仅没有保护自然种群 90% 以上的遗传多样性，而且每代还会发生较大的遗传多样性丢失。目前，江豚自然群体急剧衰退，因此亟须从野外捕获代表不同遗传变异的个体补充到迁地保护区中以有效保护自然种群的遗传资源。迁地保护群体由于其建群者数量少，极容易发生近亲繁殖，而近亲繁殖可能导致的近交衰退会给种群的生存和发展带来严重的危害。因此建议将在该种群中的亲缘关系最多的个体从该群体中迁出，并以每代（约 5 年）按雌雄 1∶1 的比例引进两头可繁殖个体以降低近亲繁殖风险。

理论上，一个保护区仅能维持一两个最小江豚种群，远不能满足对整个长江江豚种群的迁地和就地保护需要。因此，寻找并建立更多类似的长江江豚保护区是保护江豚物种的必然要求。迁地保护种群的扩大可以有效提高保护种群的遗传多样性，可以为延缓物种灭绝甚至长期保护该物种提供更多的机会。然而，通常迁地保护区和就地保护区面积较小，几乎没有生态缓冲空间，具有明显的脆弱性，因此扩大湿地保护区范围是迁地保护和就地保护的内在要求。

## 5.2.4　调控所有人类活动干扰

为了调控长江流域的各项人类活动干扰并促进经济发展方式的转变，加快升级转型，未来需要关注捕捞压力及诸多其他人为因素对我国渔业和水生资源的影响。在长江经济带建设的大背景下，长江流域的水电开发、航运、工业和采矿、城镇化、农业，以及采砂、港口与岸线开发等人类活动在未来几十年可能会加剧，甚至对长江流域的水生生态系统健康造成进一步损害。因此，一方面需要对上述行业和人类活动加强监管与宏观调控，并强调必须坚持环保发展模式，不再采用过去的高污染、高排放、低污染物处理率的发展方式。为了同时保障开发和生态修复的进行，我们需要坚持一个原则：谁开发谁修复，即开发者必须承担相应的生态修复责任，以弥补开发所带来的生态危害。这将迫使产业进行优化升级，增加开发的生态成本，并最终确保流域范围内水生生物资源的整体恢复。然而，如果我们无法控制其他因素，单纯实施禁渔措施并不能完全恢复中国淡水渔业和生物多样性。为缓解景观压力因子对长江水生生态系统的影响，有关机构要制定全流域的规划，明确人为干扰的优先级次序。同时，中央政府要与省级和地方政府紧密合作，确定减少或消除影响源的优先级次序和目标（陈宇顺，2019）。

扫一扫，看本章彩图

# 参 考 文 献

长江水系渔业资源调查协作组, 1990. 长江水系渔业资源. 北京: 海洋出版社.

常涛, 刘焕章, 2020. 密西西比河干流大坝建设对鱼类的影响及保护措施. 水生生物学报, 44(6): 1330-1341.

陈佩薰, 华元渝, 1985. 白鱀豚资源现状的评价及保护对策. 环境科学与技术(3): 57-59.

陈佩薰, 刘仁俊, 张先锋, 1987. 淡水豚类研究的新进展. 水生生物学报, 11(1): 88-95.

陈佩薰, 张先锋, 魏卓, 等, 1993. 白鱀豚的现状和三峡工程对白鱀豚的影响评价及保护对策. 水生生物学报, 17(2): 101-111.

陈善荣, 何立环, 林兰钰, 等. 2020. 近40年来长江干流水质变化研究. 环境科学研究, 33(5): 1119-1128.

陈宇顺, 2019. 多重人类干扰下长江流域的水生态系统健康修复. 人民长江, 50 (2): 19-23.

姜加虎, 黄群, 孙占东, 2006. 长江流域湖泊湿地生态环境状况分析. 生态环境, 15(2): 424-429.

蒋固政, 李志军, 2010. 重建江湖生态联系的初步研究: 以武汉大东湖生态水网构建工程为例. 上海: 中国环境科学学会.

金兴平, 2022. 2021年长江流域水工程联合调度实践与成效. 中国水利(5): 16-19.

李博, 邰星晨, 黄涛, 等, 2021. 三峡水库生态调度对长江中游宜昌江段四大家鱼自然繁殖影响分析. 长江流域资源与环境, 30(12): 2873-2882.

李朝达, 林俊强, 夏继红, 等, 2021. 三峡水库运行以来四大家鱼产卵的生态水文响应变化. 水利水电技术, 52(5): 158-166.

李天翠, 黄小龙, 吴辰熙, 等, 2021. 长江流域水体微塑料污染现状及防控措施. 长江科学院院报, 38(6): 143-150.

李雨凡, 周亮, 于世永, 等, 2022. 过去两千年长江干流历史洪水事件的时空变化研究. 地球与环境, 50(2): 241-251.

梁彦龄, 刘伙泉, 1995. 草型湖泊: 资源、环境与渔业生态学管理(一). 北京: 科学出版社.

刘凯, 段金荣, 徐东坡, 等, 2007. 长江口中华绒螯蟹亲体捕捞量现状及波动原因. 湖泊科学, 19(2): 212-217.

刘绍平, 陈大庆, 段辛斌, 等, 2002. 中国鲥鱼资源现状与保护对策. 水生生物学报, 26(6): 679-684.

娄保锋, 卓海华, 周正, 等, 2020. 近18年长江干流水质和污染物通量变化趋势分析. 环境科学研究, 33(5): 1150-1162.

闵敏, 段学军, 邹辉, 等, 2019. 长江主要支流岸线资源综合评价及管控分区研究. 长江流域资源与环境, 28(11): 2657-2671.

邱顺林, 陈大庆, 1988. 长江鲥鱼世代分析及资源量的初步评估. 淡水渔业(6): 3-5.

任玉峰, 赵良水, 曹辉, 等, 2020. 金沙江下游梯级水库生态调度影响研究. 三峡生态环境监测, 5(1): 8-13.

尚博譞, 肖春蕾, 赵丹, 等, 2021. 中国湖泊分布特征及典型流域生态保护修复建议. 中国地质调查, 8(6): 114-125.

帅方敏, 李新辉, 刘乾甫, 等, 2017. 珠江水系鱼类群落多样性空间分布格局. 生态学报, 37(9): 3182-3192.

四川省长江水产资源调查组, 1975. 中华鲟和达氏鲟几个生物学问题的探讨. 淡水渔业(7): 4-7.

四川省长江水产资源调查组, 1988. 长江鲟鱼类生物学及人工繁殖研究. 成都: 四川科学技术出版社.

汪富贵, 2010. 建国以来湖北水域变迁情况及其评价. 水利发展研究, 10(10): 30-34.

王海华, 冯广朋, 吴斌, 等, 2019. 长江水系中华绒螯蟹资源保护与可持续利用管理对策研究. 中国农业资源与区划, 40(5): 93-100.

王洪铸, 刘学勤, 王海军, 2019. 长江河流-泛滥平原生态系统面临的威胁与整体保护对策. 水生生物学报, 43(S1): 157-182.

王熙, 王环珊, 张先锋, 2020. 由长江中的三种鲟到长江水域生态保护. 华中师范大学学报（自然科学版）, 54(4): 734-748.

危起伟, 2020. 从中华鲟（*Acipenser sinensis*）生活史剖析其物种保护: 困境与突围. 湖泊科学, 32(5): 1297-1319.

吴金明, 董春燕, 张辉, 等, 2021a. 长江中游干流垂钓渔业调查. 中国渔业经济, 39(1): 39-44.

吴金明, 李乐康, 程佩琳, 等. 2021b. 鄱阳湖刀鲚的鉴定与资源动态研究. 中国水产科学, 28(6): 743-750.

伍铭杰, 诸韬, 2018. 国内外鱼道发展探析. 东北水利水电, 36(9): 68-70.

谢汝亮, 李鹏, 胡仁焱, 2019. 浅谈金沙江下游溪洛渡-向家坝梯级水库的联合优化调度. 中国水利学会. 中国水利学会 2019 学术年会论文集第一分册. 成都: 三峡梯调成都调控中心: 645-650.

徐薇, 杨志, 陈小娟, 等, 2020. 三峡水库生态调度试验对四大家鱼产卵的影响分析. 环境科学研究, 33(5): 1129-1139.

杨俊锋, 张茵, 2022. 金沙水电站过鱼方案比选研究. 水利水电快报, 43(3): 86-90.

易伯鲁, 余志堂, 梁秩燊, 等. 1988. 长江干流草、青、鲢、鳙四大家鱼产卵场的分布、规模和自然条件. 武汉: 湖北科学技术出版社.

殷守敬, 吴传庆, 乐松, 等, 2020. 长江干流岸线类型遥感监测分析. 人民长江, 51(11): 16-21, 120.

于道平, 王江, 杨光, 等, 2005. 长江湖口至获港段江豚春季对生境选择的初步分析. 兽类学报, 25(3): 302-306.

张世义, 2001. 中国动物志: 硬骨鱼纲, 鲟形目, 海鲢目, 鲱形目, 鼠鱚目. 北京: 科学出版社.

张先锋, 刘仁俊, 赵庆中, 等, 1993. 长江中下游江豚种群现状评价. 兽类学报, 13(4): 260-270.

张兴忠, 2002. 长江人工放流"四大家鱼"问题商讨. 中国水产(11): 17-18.

张照鹏, 董芳, 杜浩, 等. 2021. 长江中下游区增殖放流现状与对策研究. 淡水渔业, 51(6): 19-28.

中国科学院地理研究所, 1985. 长江中下游河道特性及其演变. 北京: 科学出版社.

朱滨, 郑海涛, 乔晔, 等, 2009. 长江流域淡水鱼类人工繁殖放流及其生态作用. 中国渔业经济, 27(2): 74-87.

朱栋良, 1992. 钱塘江水利枢纽对鲥鱼繁殖生态及资源的影响及其渔业对策. 水产学报, 16(3): 247-255.

BENJAMIN G L, ANGELINE J R, KILLGORE K J, 2016. Mississippi River ecosystem restoration: The past forty-plus years. American Fisheries Society symposium, 84: 311-350.

BOYSEN K A, KILLGORE K J, HOOVER J J, 2012. Ranking restoration alternatives for the lower Mississippi River: Application of multi-criteria decision analysis. Vicksburg: U.S. Army Corps of Engineers.

CHEN Y S, QU X, XIONG F Y, et al. 2020. Challenges to saving China's freshwater biodiversity: Fishery exploitation and landscape pressures. Ambio, 49(4): 926-938.

COLVIN M E, REYNOLDS S, JACOBSON R B, et al., 2018. Overview and progress of the pallid sturgeon assessment framework redesign process. Reston: U.S. Geological Survey.

DU Y, XUE H P, WU S J, et al., 2011. Lake area changes in the middle Yangtze region of China over the 20th century. Journal of environmental management, 92(4): 1248-1255.

GARVEY J E, HEIST E J, BROOKS R C, et al., 2009. Current status of the pallid sturgeon in the middle Mississippi River: Habitat, movement, and demographics. Carbondale: Southern Illinois University.

GREAT, 1980. A study of the upper Mississippi River. Saint Paul: U.S. Army Corps of Engineers.

HE D, CHEN X J, ZHAO W et al., 2021. Microplastics contamination in the surface water of the Yangtze River from upstream to estuary based on different sampling methods. Environmental research, 196: 110908.

JAEGER M, ANKRUM A, WATSON T, et al., 2009. Pallid sturgeon management and recovery in the Yellowstone River. Glendive: Montana Fish, Wildlife and Parks.

JENNINGS C A, ZIGLER S J, 2000. Ecology and biology of paddlefish in North America: Historical perspectives, management approaches, and research priorities. Reviews in fish biology and fisheries, 10: 167-181.

KILLGORE K J, HOOVER J J, LEWIS B R, et al., 2012. Ranking secondary channels for restoration using an index approach. Vicksburg: Engineer Research and Development Center.

KILLGORE K J, SLACK W T, FISCHER R A, et al., 2014 . Conservation plan for the interior least tern, Pallid Sturgeon, and fat pocketbook mussel in the lower Mississippi River (Endangered Species Act, Section 7(a)(1)). Vicksburg: U.S. Army Corps of Engineers.

LIU X Q, WANG H Z, 2010. Estimation of minimum area requirement of river-connected lakes for fish diversity conservation in the Yangtze River floodplain. Diversity and distributions, 16(6): 932-940.

LIU C L, HE D K, CHEN Y F, et al., 2017. Species invasions threaten the antiquity of China's freshwater fish fauna. Diversity and distributions, 23(5): 556-566.

LMRCC, 2015. Restoring America's greatest river: A habitat restoration plan for the lower Mississippi River. Vicksburg: Lower Mississippi River Conservation Committee.

MIMS S D, GEORGI T A, CHEN-HAN L, 1993. The Chinese paddlefish, psephurus gladius: Biology, life history and potential for cultivation. World aquaculture, 24(1): 46-48.

NICO L G, WILLIAMS J D, JELKS H L, 2005. Black Carp: Biological synopsis and risk assessment of an introduced fish. Bethesda: American Fisheries Society.

PFLIEGER W, 1997. The Fishes of Missouri. Jefferson: Missouri Department of Environmental Conservation.

PING C, 1931. Contributions from the Biological Laboratory of the Science Society of China. Nanking: Science Society of China: 1930-1942.

THEILING C H, JANVRIN J A, HENDRICKSON J, 2015. Upper Mississippi River restoration-implementation, monitoring, and learning since 1986. Restoration ecology, 23 (2): 157-166.

UMRBA, 2007. Integrating NESP and EMP: A UMBRA vision for the future of ecosystem restoration on the upper Mississippi River system. Saint Paul: Upper Mississippi River Basin Association.

UMRBC, 1982. Comprehensive master plan for the management of the upper Mississippi River system. Saint Paul: Upper Mississippi River Basin Commission.

USACE, 1997. Channel maintenance management plan. Fountain: U.S. Army Corps of Engineers.

USACE, 2000. Upper Mississippi River habitat needs assessment: Summary report 2000. Saint Paul: U.S. Army Corps of Engineers.

USACE, 2004. Final integrated feasibility report and programmatic environmental impact statement for the UMR-IWW. Vicksburg: U.S. Army Corps of Engineers.

USACE, 2010. Upper Mississippi River restoration environmental management program 2010 report to congress. Rock Island: U.S. Army Corps of Engineers.

USACE, 2012. Upper Mississippi River restoration environmental management program environmental design handbook. Rock Island: U.S. Army Corps of Engineers.

USFWS, 2004. Final biological opinion for the upper Mississippi River-Illinois waterway system navigation feasibility study. Rock Island: U.S. Fish & Wildlife Service.

USFWS, 2013. Biological opinion: Channel improvement program, Mississippi River and tributaries project, lower Mississippi River. Jackson: U.S. Fish & Wildlife Service.

WEI Q W, KE F E, ZHANG J M, et al. 1997. Biology, fisheries, and conservation of sturgeons and paddlefish in China. Environmental biology of fishes, 48: 241-255.

ZHANG W S, LI H P, LI Y L, 2019. Spatio-temporal dynamics of nitrogen and phosphorus input budgets in a global hotspot of anthropogenic inputs. Science of the total environment, 656(15): 1108-1120.

ZHANG H, JARIĆ I, ROBERTS D L, et al., 2020. Extinction of one of the world's largest freshwater fishes: Lessons for conserving the endangered Yangtze fauna. Science of the total environment, 710: 136242.